Salvia divinorum „Die Wahrsagesalbei"

von Jochen Gartz

Impressum

Verlegt durch:
NACHTSCHATTEN VERLAG AG
Postfach 448
CH-4502 Solothurn
info@nachtschatten.ch
www.nachtschatten.ch

2. überarbeitete Auflage 2004
3. Auflage 2014

Umschlaggestaltung und Satz: trigger.ch, Berlin/Zürich
Fotos: Ch. Rätsch, R. Bottlang, G. Alek, E. Rose,
Treibhaus Kassel
Gesetzt in Garamond ITC
Druck: AZ Druck und Datentechnik, Kempten
Printed in Germany
ISBN 3-907080-28-9 (alt)
ISBN 978-3-907080-28-3 (neu)

Salvia divinorum „Die Wahrsagesalbei"

von Jochen Gartz

Zum Gedenken an Richard Evans Schultes (1915 - 2001),
Pionier der Ethnobotanik in Mittel- und Südamerika.

NACHTSCHATTEN VERLAG

Salvia divinorum

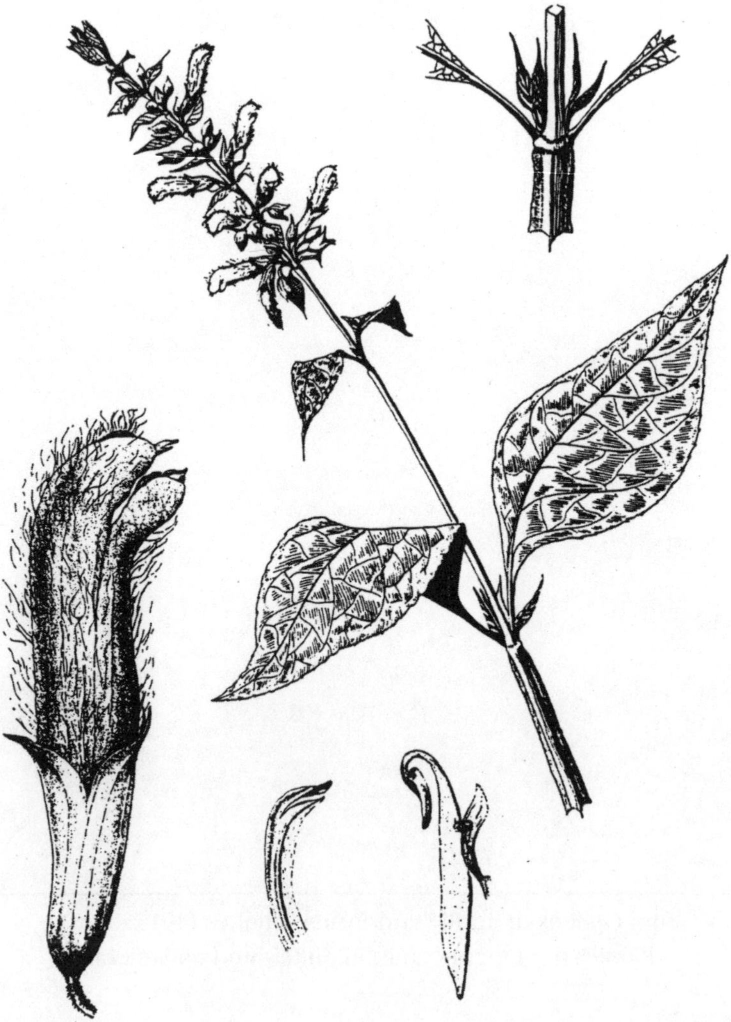

Figure Drawn by I. Brady.

Inhalt

(Foto: G. Alek)

Vorwort: *Christian Rätsch*

Salvia divinorum im Focus der Pharmakratie

„Hat der Frieden eine Chance? 'Wir sammeln gerade Informationen', sagt Rogene Waite von der Drogenbekämpfung. Amerika hat mit der neuen Droge nämlich nur ein Problem: Sie ist legal." (WILLIS 2001)

In unserer Geschichte mit psychoaktiven Pflanzen kann man leicht ein Rezeptionsmuster erkennen, das sich wie ein roter Faden durch den Morast von Moral, Justiz und Politik windet. Von der heiligen Schamanenpflanze zur gefährlichen Droge.[1] Aber keine Pflanze, keine Droge, ist *an sich* gefährlich. Nur der Umgang kann nützlich oder schädlich sein!

Das Muster beginnt beim schamanischen Gebrauch einer psychoaktiven Pflanze in fremden Ländern, und endet auf dem Scheiterhaufen westlicher Juristerei. Überall auf der Welt haben die Schamanen der einheimischen Völker in ihrer Umwelt Pflanzen mit besonderen Kräften entdeckt, die sie erforscht und in ihren Zubereitungen verfeinert und reichlich, meist sehr erfolgreich erprobt haben. Da diese Pflanzen heilsam sind und Visionen schenken können, wurden sie schon immer als „Pflanzen der Götter" verehrt, d.h. mit Respekt sinnvoll und nützlich für die Stammesbelange eingesetzt. Wenn dann so ein Volk von den imperialistischen Europäern erobert und unterworfen wurde, dauerte es nicht lange, und der Gebrauch der heiligen Pflanze stand im Kreuzfeuer von Missionaren, Inquisitoren, Monarchen und Politikern. Zu recht erkannten die Europäer die zentrale Bedeutung einer derartigen heiligen Pflanze für die einheimische Kultur. Sie sahen darin sofort einen Quell der ethnischen (Widerstands)-Kraft. Außerdem sahen sie in den psychoaktiven Wirkungen nicht die „wahre Wirklichkeit", sondern nur „vom Teufel vorgegaukelte Illusionen". Der schamanische Gebrauch wurde als „Hexerei" oder „Zauberei" diffamiert, die Schamanen, Heiler, Wahrsager und Priester wurden als „Teufelsanbeter" entlarvt, ihre Kunst als „Betrügerei" hingestellt, die einheimische Religion als „Teufelsanbetung" oder „Satanismus" kategorisiert. Deshalb mußte die heilige Pflanze dämonisiert, der damit verbundene Um-

[1] Dieses Muster wurde sehr schlüssig von dem „Ahnen der Antipsychiatrie", THOMAS SZASZ, herausgearbeitet (siehe SZASZ 1980).

gang als „Satanskult" angeprangert und der Schamane als „Hexenmeister" angeklagt werden.

Aber die Inquisition hatte immer auch ihre Maschen. Denn der einheimische Gebrauch der heidnischen Pflanzen konnte nie und nirgends wirklich ausgerottet werden. Er wurde in den Untergrund verlegt und trieb von dort aus neue Blüten. Und dann geschah etwas sehr Merkwürdiges, geradezu Unvorhergesehenes und schon gar nicht Geplantes. Westliche Forscher nahmen plötzlich die Aussagen der Einheimischen ernst und begannen sich für die verbotenen Pflanzen zu interessieren. Sie gelangten auf den Seziertisch der westlichen Wissenschaft. Man staunte sehr, dass die „Teufelsdrogen" der Indianer und anderer fremdländischer Völker, von Wirkstoffen „beseelt" waren, die der westlichen Medizin sehr nützlich sein könnten.

Aus dem von der Inquisition verfolgten „Teufelsblatt" Coca (*Erythroxylum coca*) wurde das Kokain isoliert: Durch diesen Wirkstoff wurde die Lokalanästhesie entdeckt, was zu einer Revolution in der Medizin führte, besonders in der Augenchirurgie und Zahnheilkunde (Ott und Rätsch 2001). Aus dem verbotenen „Teufelskaktus" Peyote (*Lophophora williamsii*) wurde das Meskalin isoliert. Da es in gesunden Probanden psychoseähnliche Zustände erzeugen konnte, wurde die Modellpsychose der Psychiatrie erfunden. Dadurch erfuhr die psychiatrische Forschung eine ihrer wesentlichsten Veränderungen. Bei der Untersuchung der ebenfalls von der neuspanischen Inquisition verbotenen *Ayahuasca* (*Banisteriopsis caapi*) entdeckte man das erste Antidepressivum (Harmin). Durch die Untersuchung der Inhaltsstoffe (Psilocybin, Psilocin) der mexikanischen Zauberpilze (*Psilocybe mexicana*) wurde der erste Betablocker entdeckt.

All diese Substanzen haben ihren Platz in der westlichen Medizin, sind aber zum nichtmedizinischen Gebrauch verboten. Diese Pharmaka wurden aus den Händen der Schamanen gerissen und dann schließlich durch die medizinischen Institutionen in der westlichen Welt verwaltet. Der einheimische Gebrauch ist nach wie vor verboten, auch der Gebrauch unter westlichen Psychonauten ist illegal, nur dem ausgewählten Mediziner sind die Stoffe zugänglich. Dieses Prinzip nennt man *Pharmakratie*[2].

Dieses Schicksal könnte auch die heilige Pflanze *Salvia divinorum* treffen. Über Jahrhunderte wurde die Wahrsagesalbei von Schamanen und Schamaninnen segensreich für ihr Volk eingesetzt. Den Missionaren und Inquisitoren war diese Pflanze zwar entgangen, aber sie wäre genauso wie Peyote, Teonanacatl, Ololiuqui usw. behandelt worden. Da ihr Gebrauch erst in den Sechziger Jahren des 20.Jh. durch den großen Pilzforscher und Begründer der Ethnomykologie R. GORDON WASSON (1898-1986) bekannt wurde, ist sie nicht mehr im Zeitalter der Inquisition diffamiert worden (WASSON 1962). Allerdings sollten uns die neusten Pressemeldungen aufhorchen lassen.

Salvia divinorum gehört zu den wenigen heute bekannten psychoaktiven Pflanzen, die nirgends unter ein Betäubungsmittelgesetz fallen. Deshalb hat sie in der Psychonauten-Szene ein großes Interesse erweckt. Sie wird als lebende Pflanze genauso angeboten, wie als getrocknetes Kraut oder als Extrakt (meist in Tinkturen). Leider ist dies nicht mehr der Presse verborgen geblieben. Gerade als das vorliegende Buch produziert wurde, nahmen sich die großen Zeitungen und Zeitschriften des Themas an. Man hatte eine neue Pressesensation entdeckt. Das Sommerloch mit einem neuen Kraut gestopft!

Denn die Wirkungen der *Salvia divinorum* sind in der Tat sensationell. Davon künden die in der Literatur verstreuten Erfahrungsberichte und die Diskussionsseiten im Internet (z.B. www.sage-wisdom.org), aber auch die Kataloge des ethnobotanischen Fachhandels. Sensationell ist die psychonautische Phänomenologie der „neuen Droge"; sensationell die Entdekkung des Wirkstoffes (Salvinorin A), der im Mikrogrammbereich wirksam ist, sowie dessen chemische Struktur. Normalerweise sind die psychoaktiven Wirkstoffe Alkaloide, hier aber ist es ein Diterpen. Bisher war es unbekannt, dass es Substanzen dieser Stoffklasse mit psychischen Wirkungen gibt. Nebenbei bemerkt sind Diterpene fast im ganzen Pflanzen-

[2] Dieser Begriff (*pharmacracy*) wurde von THOMAS S. SZASZ im Jahre 1974 in dessen Buch *Ceremonial Chemistry* (= SZASZ 1980), S. 139, eingeführt.

reich vorhanden. Ob da noch weitere pharmakologische Sensationen auf uns warten?

Mit den derzeitigen Pressemitteilungen befinden wir uns in statu nascendi der Dämonisierung einer heiligen Pflanze. Da heißt es etwa, „das getrocknete Kraut kann bei Konsum zu Wahnvorstellungen führen" (BINDER 2001); man spricht von der „neuen Wahnsinnsdroge[3]" (*Der Spiegel* 8/2001), usw.[4] – der typische Pressequatsch! Klischees über alles!

Wenn es so sein wird, wie immer, werden die Politiker mehr der Sensationspresse als den wissenschaftlichen Ergebnissen[5] trauen und die Wahrsagesalbei sowie ihren Wirkstoff verbieten. Dann haben wir ein neues Problem, denn mit jedem Verbot entstehen erst die Probleme. Wenn jemand an der Pflanze gefallen gefunden hat, sie jahrelang gewinnbringend benutzt hat, möchte er sich nicht von unkundigen, durch falsche Informationen beeinflußte Politiker sein Verhalten verbieten lassen. Gerade deswegen ist die Publikation wissenschaftlich fundierter Informationen zu *Salvia divinorum* besonders wichtig. Denn noch ist die Pflanze der Gesetzesschlinge entgangen. So möge denn dieses Buch dazu beitragen, dass aufgrund der richtigen Informationen[6] keine falschen Gesetze in die Welt gebracht werden. Wer weiß schon, was uns die weitere Erforschung der *Salvia divinorum* alles noch bringen wird, vielleicht eine weitere medizinische Revolution? Es ist sehr zu hoffen, dass die mexikanische Wahrsagesalbei nicht ein Opfer der desinformierten Pharmakratie wird! Wenn ihr Gebrauch aufgrund der bestehenden Informationen weiterhin respektvoll bleibt und nicht irgendwie entartet und dadurch unangenehm auffällt, könnte das pharmakratische Geschichtsmuster durchbrochen werden. Hoffen wir das Beste!

[3] Mit „Wahnsinn" ist in diesem Kontext wohl eine psychiatrische Kondition gemeint, nicht der umgangssprachliche positive Ausdruck für etwas sehr starkes. Oder sollte die griechische *mania*, der religiöse oder mystische Wahn[sinn] der Mysterienkulte, v. a. der dionysischen Begehungen gemeint sein?

[4] Kürzlich wurde sogar in einem Gesundheitsblatt erfunden, dass *Salvia divinorum* „Schwach giftig" sei (IZR 2001: 16) – es erübrigt sich fast, darauf hinzuweisen, dass die Wahrsagesalbei überhaupt nicht giftig ist...

[5] Es gab schon zwei wissenschaftliche Fachkonferenzen (1998 & 2000) zu *Salvia divinorum* (HANNA 1998).

[6] Auf mehreren Tagungen für die Weiterbildung von Sozialarbeitern und Drogenberatern fiel mir auf, dass diese „Experten" die *Salvia divinorum* für die Küchensalbei (Salvia officinalis) hielten, und glauben, dass Salbeibonbons high machen...

1. Einführung

Unter den über 700 amerikanischen Arten der Gattung *Salvia* (Salbei) gibt es eine, die als wahrscheinlich uralte mexikanische Heil- und Zauberpflanze eine besondere Stellung innehat. Anliegen dieses Buches ist es, alle Aspekte der noch immer sagenumwobenen *Salvia divinorum* (Wahrsagesalbei) darzustellen. So fasste die berühmte mazatekische Pilzheilerin *Maria Sabina* ihre Erfahrungen folgendermassen zusammen:

„Wenn ich in der Zeit, in der es keine Pilze gibt, einen Kranken heilen möchte, dann muss ich auf die Blätter der Pastora zurückgreifen. Wenn man sie zerreibt und isst, dann wirken sie wie die *nienn* (die heiligen Pilze), selbstverständlich hat die Pastora jedoch nicht so viel Kraft wie die Pilze."

Inzwischen wurden in den 80er Jahren Wirkstoffe aus der Pflanze isoliert, ihre Wachstumsbedingungen studiert und viele Selbstversuche rund um die Welt unternommen.

Diese Darstellung soll das gefundene Wissen kritisch zusammenfassen. Für ein weiteres Studium der Botanik, Chemie und der Kulturbedingungen wird auf die internationale Literatur verwiesen.

2. Ethnobotanische Erforschung der *Salvia divinorum*

Die Kenntnis der volksmedizinischen und magischen Verwendung von *Salvia divinorum* begann parallel zur wissenschaftlichen Erforschung der mexikanischen Zauberpilze. Der Anthropologe JEAN BASSETT JOHNSON beobachtete im Juli 1938 als erster Wissenschaftler die Verwendung der Pilze im mazatekischen Dorf Huautla de Jimenez und sah in diesen Zeremonien auch die Verwendung anderer magischer Pflanzen. Im selben Jahr berichtete er in einer mexikanischen Zeitschrift darüber, und 1939 erschien in Schweden ein ausführlicher Bericht über „Mazatekische Hexerei". Dort schrieb er: „zusätzlich zu den Pilzen benutzen einige Menschen Samen, die *similla de la virgen* genannt werden, andere benutzen *hierba Maria*... die Zapoteken benutzen eine Pflanze genannt *bador* (kleine Kinder), welche genauso verwendet wird wie *yerba Maria* von den Mazateken. Die Blätter werden zerstossen und daraus wird ein Tee bereitet."

Die erwähnten Samen stammen von einer psychoaktiven Winde *(Ololiuhqui)*, *hierba (yerba) Maria*, entspricht der *Salvia divinorum*, wie wir heute wissen. JOHNSON starb 1944 beim Kampf der Alliierten in Nordafrika, aber schon 1945 berichtete der aus Österreich stammende Arzt *Blas Pablo Reko*, der bereits um 1920 geäussert hatte, dass die Zauberpilze tatsächlich Pilze sind, über die Verwendung des „Wahrsageblattes" *(hoja de la adivinacion)*. Er vermerkt den Gebrauch nur bei den Mazateken und den benachbarten Cuicatec-Indianern von Oaxaca.

Schliesslich berichtete 1952 auch der grosse mexikanische Anthropologe ROBERTO J. WEITLANDER, ebenfalls aus Österreich stammend und der Schwiegervater JOHNSONS, über den therapeutischen und magischen Gebrauch eines Gebräues aus 50 bis 100 zerriebenen Blättern der *yerba de Maria* in Wasser: „.... sie erwarteten den Effekt der Droge nach einer Viertelstunde, und der Patient selbst begann zu erkennen, an was für einer Krankheit er litt. Bei Dämmerung badete der *curan-*

dero (Heiler) den Patienten in derselben Mischung, die er getrunken hatte, und der Patient war geheilt."

Es war jedoch erst die sorgfältige Arbeit von R. Gordon Wasson, die zur botanischen Bestimmung der verwendeten Pflanze führte. 1953 konnte er einer Pilzzeremonie beiwohnen, um schliesslich am 29. Juni 1955 zusammen mit seinem Fotografen als erste Weisse die Pilze zu sich zu nehmen. Schliesslich führte die interdisziplinäre Zusammenarbeit mit dem Mykologen Roger Heim und dem Chemiker Albert Hofmann über die botanische Bestimmung der Pilze zur Publikation der Struktur der Pilzinhaltsstoffe Psilocybin und Psilocin. Bei dieser Erforschung lernte R. Gordon Wasson auch die Verwendung einer mysteriösen Pflanze kennen und testete sie im Dorf Ayautla bei einer Zeremonie am 12. Juli 1961 durch Trinken des mit Wasser verdünnten Presssaftes aus 34 Blätterpaaren:

„Der Effekt der Blätter kam schneller als bei der Verwendung der Pilze, war weniger mitreissend und endete schneller. Es war nicht der leiseste Zweifel über den Effekt, der jedoch nicht über die Initialwirkung der Pilze hinausging: tanzende Farben im dreidimensionalen Design."

Im Herbst 1962 unternahm R. Gordon Wasson zusammen mit Albert Hofmann und seiner Frau Anita eine weitere Expedition in das Gebiet der Mazateken. Ziel war, so viel Pflanzenmaterial wie möglich zu sammeln, um eine botanische und chemische Bestimmung zu ermöglichen. Nach anfänglichen Schwierigkeiten stellten die Mazateken die blühenden Pflanzen bereit und es wurde klar, dass die Pflanze in die Gattung *Salvia* gehört, also eine Verwandte der *Salvia officinalis* ist.

Über die anschliessende Zeremonie schreibt Albert Hofmann: „Da ich gerade an einer schweren Magenverstimmung litt, konnte ich nicht mithalten. Meine Frau sprang für mich ein. Die *curandera* legte für sich sechs Paar Blätter bereit. Die gleiche Zahl teilte sie R. Gordon Wasson zu. Anita erhielt drei Paar. Wie bei den Pilzen wird immer in Paaren dosiert, was wohl eine magische Bedeutung hat. Die *hojas* wurden mit der *metate* zerquetscht, dann durch ein feines Sieb in einen Becher ausgepresst und *metate* und Sieb mit Wasser nachgespült. Schliesslich wurden die gefüllten Becher mit viel Zeremoniell über der Schale mit Kopal geräuchert. Consuela fragte Anita und Gordon, ehe sie ihnen ihre Becher reichte, ob sie an die Wahrheit und Heiligkeit der Zeremonie glaubten. Nachdem sie das bejaht hatten und der sehr bitter schmeckende Trank feierlich einverleibt war, wurde die Kerze gelöscht. Im Dunkeln auf den Bastmatten liegend, warteten wir die Wirkung ab. Nach etwa 20 Minuten flüsterte mir Anita zu, dass sie merkwürdige, hell umränderte Gebilde sehe. Auch *Gordon* verspürte die Wirkung der Droge. Aus dem Dunkeln ertönte die Stimme der curandera, halb sprechend, halb singend. Danach begann die eigentliche Konsultation. Consuela fragte nach unserem Anliegen. Gordon erkundigte sich nach dem Befinden seiner Tochter, die unmittelbar vor seiner Wegreise von New York in Erwartung eines Babys vorzeitig in die Klinik eingeliefert werden musste. Er erhielt die beruhigende Auskunft, Mutter und Kind befänden sich wohl. Der Rauschzustand, den R. GORDON WASSON und meine Frau mit den *hojas* erlebt hatten, war weniger tief und nur von kurzer Dauer gewesen, doch hatte er eindeutig halluzinogenen Charakter."

Nach dieser Zeremonie am 9. Oktober 1962 in San Jose Tenango reiste die Gruppe nach Huautla de Jimenez weiter, wo zwei Tage später nun auch ALBERT HOFMANN im Beisein der berühmten *Pilzcurandera*, die hier selbst auch 30 mg des synthetischen Psilocybins testete, die Salbei-Art ausprobierte:

„Für mich hatte eines der Kinder, ein etwa zehnjähriges Mädchen unter Anleitung von Maria Sabina den Presssaft von 5 Paar frischen Blättern *hojas de la pastora* bereitet. Ich wollte die Erfahrung mit dieser Droge, die mir in San Jose Tenango entgangen war, nachholen. Der Trank soll besonders wirksam sein, wenn er von einem unschuldigen Kind hergestellt wird. Der Becher mit dem Presssaft wurde ebenfalls geräuchert und von Maria Sabina und Don Aurelio besprochen (geweiht), bevor er mir überreicht wurde..... Wohl als Wirkung der *Hojas* befand ich mich eine Zeitlang in einem Zustand gesteigerter Empfindsamkeit und intensiven Erlebens, der aber von keinen Halluzinationen begleitet war."

Die botanische Bestimmung der Pflanzenmuster am Botanischen Institut der Harvard Universität in Cambridge (USA) durch Carl Epling und Carlos D. Jativa-M. ergab schliesslich, dass es sich um eine bisher nicht bekannte Art der Gattung *Salvia* handelte, die von den Autoren *Salvia divinorum* Epling et Jativa-M. genannt wurde.

Der verdünnte und konservierte Pflanzensaft erwies sich später in Basel als nicht mehr psychoaktiv (vgl. Kap. 6).

Angesichts der Verwendung der *Salvia divinorum* bei den Mazateken stellt sich natürlich die Frage nach der früheren Verbreitung und dem Alter dieser Heilungszeremonien in Mexiko. Aufschlussreich ist, dass die Mazateken keinen alten Namen für die *Salvia*-Art haben. Sie nennen sie auf mazatekisch *ska pastora*, was in der spanischen Sprache *hojas de la pastora* oder *hojas de Maria pastora* entspricht, übersetzt die Blätter der Schäferin oder die Blätter von Maria der Schäferin. Diese Bezeichnungen zeigen klar den katholischen Einfluss, aber Maria war keine Schäferin und in der katholischen Ikonographie gibt es auch keine entsprechende Frauenfigur. Noch wichtiger ist, dass die Mazateken vor der Ankunft der Spanier im 16. Jahrhundert kein Schaf gesehen haben. Alle diese Argumente sprechen für ein Einschleppen der Pflanze aus anderen Regionen nach der Eroberung Mexikos. Parallelen zur Verwendung des psychoaktiven Pilzes *Psilocybe cubensis* (Earle) Singer drängen sich auf. Der Dungbewohner wurde sehr wahrscheinlich nach der Eroberung Mexikos mit Weidetieren von anderen Kontinenten eingeschleppt. Im Gegensatz zu anderen psilocybinhaltigen Pilzen wie *Psilocybe mexicana* Heim existiert nur ein katholischer Name für *Psilocybe cubensis (San Isidro Labrador)* und keine ursprüngliche Bezeichnung der Einheimischen. Nicht alle Schamanen benutzen die Pilzart, die auch in dem Ruf steht, nicht so wirksam wie die anderen zu sein, was aber bei der chemischen Analyse nicht bestätigt werden kann. Vielleicht spielen hier auch

Reinheitsgebote (unreiner Dungbewohner) eine Rolle.

Die Sachverhalte sprechen also für eine späte Verbreitung der *Salvia divinorum* im Gebiet der Mazateken. Dies wird auch durch die gegenüber R. GORDON WASSON geäusserte Meinung von Einheimischen gestützt, dass die nur in Kultur bekannte Pflanze von woanders her stammt.

Salvia divinorum ist aber heute nur in diesem Gebiet endemisch und konnte auf anderen Kontinenten bisher noch nicht nachgewiesen werden.

R. GORDON WASSON hat auf Grund alter Inquisitionsberichte, die aus den Jahren 1696, 1698 und 1706 stammen und sich heute im Nationalarchiv in Mexiko (Stadt) befinden, geschlossen, dass die berauschende Pflanze *pipiltzitzintli* der Azteken die *Salvia divinorum* war. Das Wort bedeutet „der edelste kleine Prinz" und findet sich auch noch als *pepetzintle* in den alten Akten. Die Pflanze wurde ähnlich wie die Pilze *(Psilocybe sp.)* in Ritualen verwendet. Der Name weist darauf hin, dass die Pflanze ähnliche Wirkungen wie die Pilze hatte und keine starken, unangenehmen und gefährlichen Nebenwirkungen wie z.B. *Datura*-Arten zeigte. Obwohl es keinen eindeutigen Beweis gibt, sprechen verschiedene Indizien für die Identifizierung der *Salvia*-Art mit der mysteriösen Pflanze. Beim Ausschlussverfahren mit bekannten psychoaktiven Pflanzen bleibt die *Salvia divinorum* als einzig mögliche übrig. Der Peyote-Kaktus *Lophophora williamsii* (LEMAIRE EX SALM-DYCK) COULTER wird in den alten Akten separat benannt, genau wie die Pilze. Alle kompetenten Botaniker sprechen davon, dass der Hanf, *Cannabis sativa* LINNE, erst nach der Eroberung Mexikos eingeschleppt wurde, andere schon geäusserte Meinungen sind daher unseriös. Auch eine Identifikation der mysteriösen Pflanze mit den Windensamen *ololiuhqui* hält der Überprüfung nicht stand. Schon der Mönch AGUSTIN DE VETANCURT schrieb 1698 in seinem Teatro Mexicano, dass gelegentlich *ololiuhqui* mit dem „edelsten kleinen Prinzen" benutzt wird:

„Sie nehmen es als Trunk, um keine Erschöpfung zu spüren, und benutzen es in Wasser als warme Packung, um verletzte Gliedmassen zu kurieren. Obwohl die Eingeborenen es schätzen, verabscheuen die Spanier es als Aberglaube, weil diese Menschen es zum Wahrsagen verwenden, um verborgene Dinge aufzuspüren, auch gemischt mit *zacazili* und *ololiuhqui* zur Behandlung von Knochenbrüchen." Noch heute benutzen die Mazateken die *Salvia divinorum* auch als warme Packung!

Die *Salvia divinorum* entspricht folglich am wahrscheinlichsten dem „edelsten kleinen Prinzen" der Azteken. Die alten Schriften beschreiben innerhalb der Pflanzenart männliche und weibliche Varietäten, was jedoch lediglich als Metapher gesehen werden kann, analog zur Verwendung der Pilze in Paaren, die auch beim *Salvia-divinorum*-Gebrauch zu beobachten ist. In der heutigen Volkstaxonomie der Mazateken gilt wegen der ähnlichen Blattform die fragliche *Salvia*-Art mit zwei aus Asien eingeführten Buntblättern als verwandt. Dabei stellt die Salbei die „Mutter" dar (*la hembra*), das Buntblatt Coleus pumila Blanco ist der „Vater" (*el macho*) und Coleus blumei Benth. sowohl *el nene* (das Kind) oder auch *el ahijado* (das Patenkind). Diese Gleichsetzung unterstützt die Ansicht der späten Einschleppung der *Salvia divinorum* in das Gebiet der Mazateken nach der Eroberung des Aztekenreiches.

Sehr wahrscheinlich wurden im Zuge der Eroberung die Kulturen der Azteken zerstört und die Pflanze geriet in andere Landesteile. Hier soll nicht vergessen werden, dass die Azteken den ersten botanischen Garten der Welt schufen, im Jahre 1467 durch Erlass des ersten Moctezuma. Solche Anlagen, wie der *Tetzcotzinsco*-Garten von *Netzahualcoyotl*, zeigen eine grosse Anzahl von medizinischen und exotischen Blütenpflanzen, speziell auch psychoaktiver Arten, die von den Priestern benutzt wurden. Auch hat der bedeutende Ethnobotaniker W. Emboden 1983 die *Salvia divinorum* im Kopfschmuck eines Totengottes der Maya im Dresden Codex entdeckt, obwohl in Yucatan die Pflanze bisher nicht gefunden werden konnte, was aber eine Verbreitung oder den Anbau in früheren Zeiten nicht ausschliesst.

Ausser der Verwendung in Heilungszeremonien oder der äusserlichen Anwendung benutzen die Mazateken auch niedrig dosierte, nicht psychoaktive Zubereitungen zur Behandlung von Rheumatismus, Kopfschmerzen, Blutarmut, Störungen des Stuhlganges und beim Urinieren als auch zur Wiederbelebung von Kranken, Alten und Sterbenden. Schliesslich sollen sie auch die magische Krankheit „Grosser Lammbauch" heilen können.

3. Botanische Beschreibung und Verbreitung

Salvia divinorum ist als immergrüne Pflanze mehrjährig und staudenförmig. Sie kann in der Natur mitunter bis 3 m hoch wachsen. Im Gegensatz zu den meisten Pflanzen sind die bis zu 2 cm dicken Stengel vollkommen viereckig und teilweise sogar quadratisch. Die Ecken laufen scharf zu. Ebenfalls relativ selten im Pflanzenreich ist die Tatsache, dass die Stengel im Inneren in der Mitte hohl sind. An den Stengelknoten findet man gegenständige Blätter oder sogar ausgeprägte Verzweigungen. Bei optimalen Wachstumsverhältnissen sind die Blätter von sattgrüner Farbe, können aber auch hellgrün sein (vgl. Kap. 4).

Sie zeigen eine ganz leichte Behaarung und werden mitunter bis 30 cm lang und 5 bis 10 cm breit. Ihr Habitus ist lanzettförmig und an beiden Enden spitz zulaufend, wobei die rispigen Blütenstengel sich am Ende des Stengels befinden. Die glockigen Kelche sind bläulich oder purpurfarben, die Kronblätter aber stets weiss. Jonathan Ott zählte 1996 sechs Publikationen auf, die irrtümlicherweise bei den Farbzeichnungen der Pflanze blaue Kronblätter zeigten.

Die Pflanze blüht in Mexiko zwischen September und Mai sporadisch jeweils nur ein bis zwei Wochen lang. Früchte mit Samen treten in der Natur praktisch nie auf. A.S. Reisfield beobachtete 1993 allerdings einen Klon, der häufiger Früchte mit Samen ausbildete, wobei ein Kolibri als Bestäuber fungierte. Er nimmt an, dass *Salvia divinorum* ein Hybride ist, dessen Elternpaar aber nicht eruierbar ist. Selbst bei „nachgeholfener" Selbstbestäubung der kultivierten Pflanzen wurde lediglich die Entwicklung von etwa 3% der möglichen Samenmenge beobachtet, die aber nur eine schwache Keimfähigkeit zeigte.

Die Tatsache, dass die *Salvia*-Art in der Natur keine Samen ausbildet, beweist, dass nur ein kultivierter Klon vorliegt. Damit konform findet man die *Salvia divinorum* lediglich endemisch als meist versteckt angelegte Kultur im Mazatekengebiet der Sierre Madre Oriental im mexikanischen Bundesstaat

Oaxaca. Sie wächst dort auf nährstoffreicher, schwarzer Erde in feuchten Schluchten nahe primärer oder sekundärer Nebel- und immergrüner Regenwälder. Das Wachstum der Pflanze ist nicht abhängig von der Höhenlage, die zwischen 300 und 1800 m beträgt. Die sehr feuchtigkeitsliebende *Salvia*-Art wurde auch schon direkt in fliessenden Wasser wachsend gefunden, da an den gepflanzten Standorten auch eine spontane vegetative Fortpflanzung beobachtet werden kann (vgl. Kap. 4).

Im ethnobotanischen Fachhandel in Nordamerika und Westeuropa wird die Pflanze seit Anfang der 80er Jahre angeboten und ist auch in einigen botanischen Gärten zu sehen. Bereits 1972 und 1973 erschienen zwei unabhängige Publikationen über die Eigenschaften und Kultur der *Salvia divinorum* in Kalifornien, die den privaten Vertrieb der Pflanze und ihre vegetative Vermehrung über Ableger in den USA initiierten.

4. Kultivierung

Die Mazateken von Oaxaca kultivieren die Pflanze sehr einfach über Stecklinge. In dem Gebiet, wo die *Salvia divinorum* angepflanzt wird, herrscht ein sehr feuchtes Klima mit nicht allzu hohen Temperaturen. Daher genügt es dort, die Stengel, nachdem sie von den unteren Blättern befreit wurden, einfach in die feuchte bis nasse, nährstoffreiche Erde zu stecken. Hier treiben sie nach mehreren Tagen neue Wurzeln aus. Diese einfache Kultivierung hat seine Entsprechung zur natürlichen vegetativen Vermehrung und spontanen Ausdehnung von ursprünglichen Anpflanzungen der *Salvia*-Art. Erreichen die Pflanzen ihre maximale Höhe und werden sie nicht geerntet, dann fallen sie schliesslich durch ihr eigenes Gewicht um. Beim Berühren des nassen Bodens schlagen die Stengel auf der ganzen Länge aus und bilden neue Wurzeln als Grundlage zur Ausbildung junger, miteinander vernetzter Pflanzen. Aus jedem Stengelknoten sind dabei zwei neue Ausschläge zu beobachten. Fast alle im ethnobotanischen Fachhandel vertriebenen lebenden Ableger der *Salvia divinorum* stammen von den Pflanzen ab, die R. Gordon Wasson und Albert Hofmann von der alten *curandera* Natividad Rosa im Oktober 1962 in San Jose Tenango erhielten. Dieser „Wasson-Klon" führte zur botanischen Bestimmung der Pflanze an der Harvard Universität, zur Isolierung des Wirkstoffes Salvinorin A (vgl. Kap. 5) sowie zur Anpflanzung im Botanischen Garten der Universität (UCLA) in Los Angeles. Von dort begann dann der weitere Weg der Pflanze in die westliche Welt. Parallelen zur jetzigen Verbreitung der psychoaktiven Pilzart *Psilocybe azurescens* Stamets & Gartz, die auch von nur einem Fundort in Astoria (Oregon) aus dem Jahre 1979 stammte, drängen sich auf.

Wie bei pflanzlichen Ablegern generell sind alle vom „Wasson-Klon" abstammenden Pflanzen der *Salvia divinorum* genetisch identisch, was auch eine gleiche Wirkstoffproduktion einschliesst.

1991 fand der Anthropologe Bret Blosser zwei Pflanzen,

ebenfalls nahe San Jose Tenango, die nach seiner Aussage weit weniger bitter waren als die ursprünglichen Pflanzen der *Salvia divinorum.* Stecklinge dieses Fundes werden in den USA neben dem „Wasson-Klon" prosaisch als „schmackhafter Klon" vertrieben. Spätere amerikanische Forscher, die diesen Klon vergleichend kultiviert und getestet haben, fanden jedoch sehr wenig Differenz in der Bitterkeit, eine morphologische Identität sowie einen gleichen Wirkstoffgehalt wie beim „Wasson-Klon". BLOSSER spekulierte, dass die spezielle Erdzusammensetzung am Standort die von ihm beobachtete Differenz im Geschmack verursacht hätte. Daher müsste die Divergenz bei identischer Kultur wieder verschwinden. Die beste Annahme ist daher, dass beide Klone genetisch identisch sind, insbesondere da auch beim Fundort von BLOSSER keine Samen nachgewiesen werden konnten.

Die nachfolgenden Ausführungen zur künstlichen Kultivierung der *Salvia divinorum* beziehen sich auf amerikanische Untersuchungen, die ab den 70er Jahren zunehmend publiziert wurden.

Es gibt zwei verschiedene Varianten zur Bewurzelung und weiteren Entwicklung von Ablegern der *Salvia divinorum.* Die erste Möglichkeit entspricht der Kultivierung durch die Mazateken. Die obersten Zweigspitzen in einer Länge von ca. 8 bis 12 cm werden von den unteren Blättern befreit und einfach in die feuchte, nährstoffreiche Erde neben die Mutterpflanze gesteckt, die sich in einem grösseren Blumentopf vom Durchmesser 20 bis 30 cm befindet. Offensichtlich begünstigen die Wurzelausscheidungen *(Auxine)* der Mutterpflanze die Bewurzelung der Ableger. Nach mehreren Tagen beginnt die Entwicklung der weissen Wurzeln. Alle 14 Tage wird ein milder Blumendünger angewendet. Eine andere Variante der Bewurzelung in feuchter Erde funktioniert, indem ein frisches Stengelstück mit Knoten nach Entfernung aller grösseren Blätter horizontal auf feuchte Erde gelegt wird. Diese befindet sich vorteilhafterweise in einem grossen Aquarium, wo eine mit Feuchtigkeit gesättigte Atmosphäre durch die Bedeckung mit der Glasplatte gewährleistet ist. Innerhalb weniger Tage schlägt das Stengelstück auf der ganzen Länge aus und bildet wie in der Natur an jedem Knoten zwei neue Triebe aus. Sehr verzweigte Pflanzen mit einer gemeinsamen Basis können sich so entwickeln, wobei die feuchte Atmosphäre auch die weitere Entwicklung begünstigt.

Die zweite Möglichkeit der Bewurzelung von Ablegern erfolgt einfach durch Austrieb von Zweigspitzen in einem farblosen Glas mit Leitungswasser. Die Ableger werden mit dem unteren Ende etwa zur Hälfte in das Wasser gestellt. Dabei sollten sich stets Knoten über und unter dem Wasser befinden. Der Standort sollte hell sein, aber genau wie bei der Verwendung von Erde nie direkt im Sonnenlicht stehen. Dabei sollte nur ein Ableger pro Glas verwendet werden. Wenn nicht unmittelbar nach dem Abschneiden der Zweige mit dem Austrieb begonnen wird, müssen die Zweigspitzen vor Beginn noch 2 bis 3 cm zurückgeschnitten werden. Die Bewurzelung in Wasser kann überall erfolgen, nicht nur an den Knoten. Es ist möglich, das Glas in eine Plastiktüte zu stellen, um die Luftfeuchtigkeit zu erhöhen. Unbedingt nötig ist das allerdings nicht. Ähnlich können sich auch mehrere Gläser in einem Aquarium befinden. Kommerziell angebotene Bewurzelungsmittel sollten dem Wasser nicht zugesetzt werden. Es ist aber möglich, den Austrieb etwas zu beschleunigen, indem ein Stück frisch geschnittener Weidenrute mit in das Wasser gestellt wird. Die Rute muss vorher gründlich unter fliessendem Wasser abgespült werden, um das Einschleppen von Schädlingen zu verhindern. Die von der Weide ausgeschiedenen wasserlöslichen Wachstumshormone *(Auxine)* stimulieren die Bewurzelung der *Salvia divinorum.* Die beste Temperatur zum Austrieb liegt bei etwa 19 bis 22° C. Nach mehreren Tagen erfolgt zunächst die Entwicklung winzig kleiner Auswüchse, die dann schnell zarte dünne Wurzeln bilden. Wenn die Atmosphäre sehr feucht ist, können sich solche Triebe auch oberhalb der Wasserlinie ausbilden; sie erinnern in der Form an Neuronen. Bei einer Wurzellänge von ungefähr 2,5 cm ist es an der Zeit, die Ableger in die Erde zu pflanzen.

Die Wachstumsparameter der *Salvia divinorum* sind heute

noch nicht optimiert. Es wurden jedoch vor allem seit den 80er Jahren Grunderkenntnisse gewonnen, die in den weitaus meisten Fällen ein rasches Wachstum garantieren.

Temperatur, Zusammensetzung der Erde, Feuchtigkeit und *Licht* sind dabei von wesentlicher Bedeutung.

Temperatur

In der natürlichen Umgebung der Sierra Mazateca beträgt die Temperatur meist zwischen 16 und 21° C mit einem Maximalwert von ungefähr 26° C. Die *Salvia divinorum* liebt moderate Temperaturen; über 29° C sind alle Pflanzen empfindlich und zeigen Zeichen von Welke. Ist sie gut akklimatisiert, kann die *Salvia divinorum* auch warme Tage überstehen. Voraussetzung ist aber eine sehr feuchte Atmosphäre mit regelmässigem Besprühen. Geht die Temperatur unter 0° C, stirbt die Pflanze schnell unter Verwelkung und Schwarzfärbung ab. Es ist möglich, dass bei einem einmaligen, kurzen Frosteinbruch der Wurzelballen überlebt. Bei Rückschnitt des Hauptstengels auf etwa 26 cm Länge kann dann vielleicht wieder Austrieb erfolgen. Pflanzen, die so überlebt haben, können später stark wachsen und sich verzweigen, da eine grosse Wurzel vorhanden ist. Bei vielen Pflanzen überlebt unter diesen Bedingungen die Wurzel aber nicht.

Im Sommer entwickeln sich mehr Verzweigungen und Blätter als im Winter. Die Vermehrung über Ableger ist aber in jeder Jahreszeit möglich.

Eine Überwinterung der Pflanzen nicht kälter als 4° C erscheint manchmal angebracht. Sie werden in diesen Fällen so zurückgeschnitten, dass wenig oder gar keine Blätter mehr vorhanden sind. Besprühen entfällt bei diesen Temperaturen, und nur noch alle sechs Wochen wird gegossen. Gemäss Literatur kann die *Salvia divinorum* bis zu vier Monate so gelagert werden und wächst danach normal weiter.

Zusammensetzung der Erde

Am natürlichen Standort der *Salvia divinorum* enthält der Boden grosse Mengen verrottendes organisches Material. Bei diesem Zersetzungsprozess entsteht ein leicht saures Milieu, und die Erde wird durch entstehende Gase aufgelockert. In Kultur wächst sie entsprechend auf lockerer, nährstoffreicher Erde mit organischen Beimengungen bei guter Drainage. Über verschiedene Zusammensetzungen wurde berichtet, die entweder Perlit oder Vermiculit enthielten. Gute Resultate wurden erhalten, als Grasabfall und etwas gealterter Kuhdung einer nährstoffreichen, dunklen Blumenerde mit Kompost und Sand zugesetzt wurden, etwa entsprechend folgender Zusammensetzung:

je 1 Teil Grasreste, Rindenkompost, Sand, 1/2 Teil Kuhdung, 3 Teile dunkle Erde.

Eine andere erfolgreich verwendete Zusammensetzung bestand aus:

2 kleine Eimer Kokosfasern, je 1 kleiner Eimer Sand, Vermiculit, Perlit, dunkle Erde, Kompost, 6 Tassen einer Mischung aus organischen Bestandteilen gleicher Anteile (kolloidaler Phosphor, Grasreste, Blutmehl) sowie 1/4 Tasse gemahlener Kalkstein.

Anfang der 80er Jahre verwendete Valdes bei der Erforschung der Wirkstoffe der *Salvia divinorum* folgende Zusammensetzung zur Pflanzenzucht:

4 Teile Erde, 2 Teile Torf, 1 Teil Vermiculit und 1 Teil Perlit.

Sollten diese Mischungen zu dicht erscheinen, kann Verpackungsmaterial aus Styropor (Chips) der Erde zugesetzt werden. Es verhält sich vollkommen inaktiv und sollte gleichmässig verteilt werden.

Sicher gibt es noch viele Mischungen, die zur Kultur verwendet werden können; in jedem Fall aber sollte versucht werden, den pH-Wert der Erde zwischen 6,1 und 6,6 leicht sauer zu halten. Wird die Erde zu alkalisch (pH über 7), kann etwas pulverförmiger Schwefel zugesetzt werden. Bei zu niedrigem pH-Wert wird die Säure mit etwas pulverförmigem Kalk neutralisiert

Feuchtigkeit
Entsprechend dem natürlichen Standort liebt die *Salvia divinorum* in allen Wachstumsphasen eine hohe Luftfeuchtigkeit und sollte am besten täglich besprüht werden. Leitungswasser ist verwendbar, wenn es nicht zu hart ist. Regenwasser oder destilliertes Wasser können ebenfalls benutzt werden. Direkte Sonnenbestrahlung wird nur toleriert, wenn moderate Temperaturen und eine sehr feuchte Atmosphäre, wie sie in einem Gewächshaus oder Aquarium herrscht, vorliegen. Hierbei besteht aber immer die Gefahr der Überhitzung bei Unaufmerksamkeit, so dass diese Strahlung am besten gänzlich vermieden wird. Trotz des Besprühens muss die Erde zusätzlich durch Giessen konstant feucht gehalten werden. Amerikanische Autoren (*Sociedad* et al) bevorzugen grosse Blumentöpfe aus Plastik mit mehreren Drainagelöchern gegenüber Tontöpfen, wobei allerdings bei zu vielem Giessen die Gefahr von Staunässe mit möglicher Wurzelfäule besteht. Eine lockere Erde stellt die beste Garantie dar, dieser Gefahr vorzubeugen. Die Verwendung möglichst grosser Blumentöpfe reduziert diese Gefahr ebenso wie häufiges Umtopfen, das jedoch immer eine Störung für die Pflanze darstellt.

Zur Kultur im Freien sind Gewächshäuser oder Wachstumszelte in Gebieten nötig, die ein windiges und ausgesprochen trockenes Klima aufweisen. Entgegen mancher Meinung ist es jedoch möglich, die *Salvia divinorum* ausserhalb einer sehr feuchten Atmosphäre im Haus oder auch im Freien zu kultivieren. Bei dieser Zuchtmethode werden schon die Ableger in Wasser ohne weitere schützende Hülle bewurzelt. Werden sie jedoch vorher im Aquarium oder in Gewächshäusern gezüchtet, dann können selbst die ausgewachsenen Pflanzen beim plötzlichen Ausbringen in eine normale Zimmeratmosphäre oder beim Entfernen der Folien im Freien innerhalb weniger Stunden verwelken. Sie adaptieren nur allmählich an Bedingungen mit weniger Luftfeuchte. So wird die schützende Hülle zuerst nur eine Stunde entfernt und die Pflanze einmal besprüht. In dieser Zeit steht sie an windgeschützter Stelle ohne direkte Sonnenbestrahlung. Am nächsten Tag wird die schützende Hülle zwei Stunden entfernt usw. Mit dieser fortgesetzten Arbeitsweise kommt die *Salvia*-Art schliesslich nach 14 Tagen mit dem normalen Zimmerklima gut zurecht und zeigt normales Wachstum. Allerdings sollte das tägliche Besprühen beibehalten werden unter Vermeidung direkter Sonnenbestrahlung.

Licht

Indirektes Tageslicht erscheint für alle Wachstumsphasen der *Salvia divinorum* ideal. Es wurde aber auch schon Kunstlicht zur Kultivierung erfolgreich eingesetzt. So erbrachten Hochdruck-Natriumlampen (HPS) ausgezeichnete Resultate und waren besser geeignet als Metall-Halogenlampen. Aber auch die letzteren reichten zum Wachstum, selbst als alleinige Lichtquelle, obwohl mehrmals berichtet wurde, dass die Blätter nicht den üblichen tiefgrünen Farbton hatten, sondern eher hellgrün waren. Ein Abstand der Lampe von etwa 60 cm zu den Pflanzen verhindert deren Verbrennen. Solche Lampen wurden auch als Zusatzbeleuchtung zum indirekten Tageslicht benutzt, wobei Vorteile dieser Kombination allerdings nicht erwähnt wurden. Mit einer 400-W-HPS-Leuchte werden etwa $2m^2$ beleuchtet, ein Züchter verwendete eine 250-W-Lampe für drei Pflanzen. Durch die trockene Wärme der Lampen ist das Besprühen der Pflanzen besonders wichtig. Vorsicht: Nässe auf den Lampen kann diese zur Explosion bringen.

Bei der Erforschung der Wirkstoffe benutzte Valdes zur Pflanzenzucht auch kaltes, weisses VHO-Fluoreszenzlicht erfolgreich anstelle von Tageslicht. Über die Beleuchtung ist es auch möglich, die Ausbildung von Blüten zu induzieren. Valdes erreichte ein Blühen der *Salvia divinorum* durch Verkürzung der Beleuchtungszeit auf 11 Stunden. In der übrigen Tageszeit muss absolute Dunkelheit garantiert werden. In der Zeit des Blühens ist das Wachstum der Blätter reduziert.

Hydrokultur
Salvia divinorum kann auch in der üblichen Hydrokultur wachsen. Dabei wurde vor allem eine Mischung aus porösen Tonkugeln und Kokosnussfasern (75/25) angewendet. Die Fasern halten sowohl Wasser als auch Sauerstoff und begünstigen das Begasen. Sie helfen bei der pH-Wert-Stabilisierung durch Abpuffern von Nährstoffschwankungen, und es scheint auch, als seien sie bei der Abwehr von Schädlingen hilfreich. Bei der Hydrokultur werden Nährmedien verwendet, die reich an Mineralien sind. Dabei sollten Dünger ausgewählt werden, die sowohl Makronährstoffe als auch eine Vielzahl an Spurenelementen enthalten. Andere Autoren sprechen von der Notwendigkeit des kompletten Wechsels der Nährmedien von einem kommerziell angebotenen Präparat auf ein anderes innerhalb von 4 bis 6 Wochen, um ein ungestörtes Pflanzenwachstum zu erreichen. Über optimierte Mischungen wurde allerdings bis heute noch nicht berichtet.

Da die Wurzeln Sauerstoff lieben, ist eine Begasung mit einer Aquariumpumpe sehr vorteilhaft. In der Hydrokultur wird bei 18 bis 21° C gearbeitet. Diese eher niedrigen Temperaturen erschweren die Entwicklung von Schädlingen. Ein pH-Wert von etwa 6,0 ist für das Wachstum optimal. Er kann z.B. bei Veränderung in den Nährlösungen mit Phosphorsäure leicht erniedrigt werden (ansäuern), und mit wenig Natronlauge steigt er, wobei der alkalische Bereich über 7,0 nicht überschritten werden sollte. Die Einstellung des pH-Wertes darf niemals an der Pflanze erfolgen, um lokale Verätzungen vor dem Verdünnungsprozess auszuschliessen. Einfache kommerzielle Indikatorpapiere zur pH-Messung reichen aus.

Probleme bei der Kultivierung der *Salvia divinorum*

Gelbe Blätter
Eine Verfärbung der Blätter von Tiefgrün nach Gelb ist gewöhnlich ein Zeichen, dass die Pflanze zuviel Wasser bekommen hat. Die Nährstoffe, aus denen Chlorophyll gebildet wird (vor allem Magnesium), werden durch die übermässige Be-

wässerung ausgelaugt. Vor allem wurde dieser Farbwechsel bei der Kultivierung im Freien im Nordwesten der USA zur Winterzeit beobachtet, wo bei milden Temperaturen grosse Regenmengen fallen. Jedoch kann dieses Verhalten auch bei der Kultur in Blumentöpfen gelegentlich beobachtet werden. Die Blätter werden wieder tiefgrün, wenn unter Reduktion des Giesswassers durch wenig Gartendünger für Koniferen vor allem Magnesium aber auch andere Spurenelemente wie Eisen zugeführt werden.

Gewöhnlich wird während der Gelbfärbung der Blätter das Wachstum der Pflanze aber nicht unterbrochen.

Braune Blattränder

Die meisten Züchter, die *Salvia divinorum* kultivieren, erleben zu dieser oder jener Zeit scheinbar ohne Ursache eine Braunfärbung von Blatträndern, jeweils unterschiedlich stark ausgeprägt. Diese braune Verfärbung ist entgegen mancher geäusserter Meinung keine unmittelbare Folge von Lufttrockenheit, da sie auch bei der Kultivierung in Gewächshäusern oder Aquarien auftreten kann. Gewöhnlich tritt diese Färbung nur an den Blattspitzen und -rändern auf, kann jedoch gelegentlich auch ganze Blätter befallen und wird so kritisch für das Überleben der Pflanze. Bisher konnte noch keine definitive Ursache für das Phänomen gefunden werden.

Es wurde schon recht plausibel diskutiert, dass dieses Kulturverhalten eine systematische Erkrankung der Pflanze darstellt, die bei Einwirkung von verschiedenen Stressfaktoren ausbrechen kann. Ein Virus könnte die Ursache für die Braunfärbung sein, das ähnlich wie bei manchen Herpeserkrankungen des Menschen bei Schwächung der Widerstandskraft Krankheitserscheinungen hervorruft.

Die ständige vegetative Vermehrung eines einzelnen Klones schafft ideale Voraussetzungen für die Verbreitung eines entsprechenden Virus. Da keine Zwischenvermehrung mittels Samen eintritt, wird exakt der gleiche Genotyp über Jahrzehnte verbreitet und damit wahrscheinlich auch derselbe Krankheitserreger.

Nach dieser Theorie kann eine Braunfärbung nur weitgehend verhindert werden, wenn so wenig Stressfaktoren wie möglich auf die Pflanze einwirken. Amerikanische Forscher (SOCIEDAD et al. 1998) beobachteten, dass fast immer dann die Verfärbung auftrat, wenn die Pflanzen geschwächt waren. Solcher Stress kann vielfältig sein. Wird die *Salvia divinorum* aus der sehr feuchten Atmosphäre herausgenommen und nicht richtig akklimatisiert, dann verwelkt sie und wirft die Blätter ab. Bei nur kleinen Fehlern dieser Adaption kann jedoch auch die Braunfärbung auftreten. Letztere ist gewöhnlich nicht mit Verwelken verbunden.

In den meisten Fällen wurde die braune Verfärbung bei Pflanzen beobachtet, die ihre ganze Entwicklung in feuchter Atmosphäre von Gewächshäusern oder Aquarien verbracht haben. So kann man vermuten, dass hier die Bräunung durch den Stress der schlechten Luftzirkulation verursacht wurde. Steigt in einem Gewächshaus die Temperatur auf 32° C, resultieren zwangsläufig diese braunen Verfärbungen aus der Kombination von hoher Temperatur und schlechter Transpiration, ähnlich wie der menschliche Körper in stehender, feuchter Hitze gefährdet ist. Fehlender Dünger oder aber auch zuviel davon kann ebenfalls diese Blattreaktion hervorrufen. Bei vielen Pflanzen sind braune Blattspitzen ein Zeichen, dass zuviel wasserlösliche Nährstoffe zugeführt wurden. Bei zusätzlich falscher Bewässerung können Salze in der Erde ausfallen und eine chronische Überdüngung hervorrufen. Gewöhnlich tritt in diesen Fällen die Braunfärbung dann nicht mehr auf, wenn eine Zeit lang kein Dünger verwendet und die Erde gut mit Wasser gespült wird.

Braune Blattränder können sich auch ausbilden, wenn eine Wurzelfäule als Folge von schlechter Drainage oder zu fester Erde beginnt. In solchen Fällen kann nur versucht werden, die Pflanze in leichte Erde mit guter Drainage umzutopfen und mit dem Giessen anfänglich zurückhaltend zu sein.

Die Stressbedingtheit der Braunfärbung zeigt sich auch daran, dass sie auftritt, wenn die gewöhnlich schnell wachsende Pflanze plötzlich ihr Wachstum stark verlangsamt und zer-

zaust und geschwächt aussieht. Die Hauptursache ist eine starke Entwicklung der Wurzeln in zu kleinen Blumentöpfen. Ein Umtopfen in grössere Töpfe mit mehr Erde beseitigt dann meist auch die braune Verfärbung der Blätter. Um diese Entwicklung möglichst lange hinauszuzögern oder zu verhindern, sollten von Anfang an grosse Töpfe benutzt werden.
Weil die eigentliche Ursache der Braunfärbung bisher nicht bekannt geworden ist, gilt hier der alte Spruch um so mehr: Vorbeugung ist die beste Therapie.

Tierische Schädlinge
Eine Anzahl tierischer Schädlinge kann auch die *Salvia divinorum* befallen. Ohne deren Bekämpfung wird die Pflanze stark geschädigt oder kann sogar eingehen.
Alle bekannten Schädlinge sind relativ leicht zu bekämpfen, besonders jedoch in der Frühphase der Vermehrung auf den Pflanzen.

Amerikanische Forscher empfehlen eine generelle Mischung zum Besprühen der Blätter bei Befall mit Weissen Fliegen und Blattläusen, die die Pflanze nicht schädigt und auch nicht giftig ist, mitunter aber mehrmals angewendet werden muss: 4 Teile Wasser, 1 Teil Reinigungsalkohol (Brennspiritus) und 1 Teil flüssige Kali-Seife (Schmierseife). Es wird empfohlen, die Blätter mit der reinen flüssigen Seife auch abzureiben (z.B. deutsches Handelspräparat Neudosan). Seifenreste auf den Blättern schädigen die Pflanzen nicht.
Gegen die Insekten kann in extremen Fällen auch Spray mit natürlichem Pyrethrum aus Chrysanthemen eingesetzt werden. Die angegebenen Abstände zur Pflanze sind dabei unbedingt einzuhalten. Synthetische Pyrethroide sollten nicht verwendet werden, da sie schlecht abbaubar sind und im Verdacht stehen, bei längerem Kontakt neurologische Störungen beim Menschen auszulösen. Nachfolgend wird auf einzelne Schädlinge detailliert eingegangen.

Weisse Fliegen

Weisse Fliegen *(Trialeurodes vaporariorum)* können relativ häufig auf der *Salvia*-Art parasitieren und schwächen sie stark, wenn keine Bekämpfung erfolgt. Sie lieben trockene Luft und Wärme. Oft sind sie zuerst nicht auffällig und werden erst bemerkt, wenn man gegen die Blätter bläst und plötzlich fliegende weisse Punkte mit etwa 1 mm Durchmesser sieht. Sie sitzen an den Unterseiten der Blätter, legen Eier und saugen Pflanzensaft. Auf den ausgeschiedenen Exkreten können sich schädliche Russtaupilze ansiedeln. Die Weissen Fliegen werden von der Farbe Gelb angelockt, so dass handelsübliche, nahe der Pflanze aufgehängte Gelbtafeln gegen die Insekten helfen. Auch in den Boden gesteckte klebrige Gelbsticker ziehen die Schädlinge an. Pro Pflanze verwendet man einen Sticker. Die erwachsenen Tiere der Weissen Fliege können effektiv auch mit einem Staubsauger auf kleiner Stufe abgesaugt werden. Regelmässig angewendet wird die Population getilgt, da das Entstehen neuer Generationen verhindert wird. An der Universität von Kalifornien wurde entdeckt, dass Alufolie, die am Grund um die Pflanze angebracht wird, Weisse Fliegen abwehrt. Wahrscheinlich werden sie durch die Lichtreflexion verwirrt und lassen sich nicht auf der Pflanze nieder.

In geschlossenen Systemen wie Gewächshäusern ist eine biologische Bekämpfung mit Schlupfwespen *(Encarsia formosa)* ebenfalls sehr wirksam, funktioniert jedoch am besten in der warmen Jahreszeit. Selbstverständlich dürfen Insektizide niemals während Zeiten biologischer Schädlingsbekämpfung angewendet werden.

Spinnmilben

Spinnmilben (*Tetrancychidae* sp.) können ebenfalls zum Problem für die Salvia divinorum werden, speziell wenn sie in feuchter Atmosphäre (Gewächshaus) gezüchtet wird. Die Milben werden zuerst durch kleine gelbe Flecken auf der Blattoberfläche bemerkt, bei einer schweren Infektion werden aber sogar feine Gespinste an den Blattspitzen sichtbar, die jetzt braun verfärben. An der Unterseite der Blätter sieht man dann gelbe, bräunliche oder grünliche Insekten. Handelsübliche Sprays wirken gegen diese Schädlinge.

Auch eine biologische Bekämpfung mit Raubmilben *(Phytoseiulus persimilis)* funktioniert in geschlossenen Räumen. Diese Milbenart schädigt die Pflanzen nicht und liebt die Feuchtraumatmosphäre.

Blattläuse

Wie viele andere Pflanzen auch kann die *Salvia*-Art von Blattläusen (*Aphididae* sp.) befallen und geschädigt werden. Die Zeichen sind gekrümmte, gestauchte oder verkrüppelte Blätter, die durch abgegebene Pflanzengifte geschädigt wurden. Man sieht kleine grüne, gelbgrüne oder schwarze, zarte Insekten, die an den Blattspitzen und Unterseiten in grosser Zahl zusammengeballt sind. Die Blattläuse schwächen die Pflanzen wie die Weissen Fliegen durch Aussaugen des Saftes und hinterlassen Ausscheidungen (Honigtau), die Russtaupilze anlocken. Sie können auch weitere Pflanzenkrankheiten wie pathogene Viren übertragen. Die beschriebene Sprühlösung wie auch handelsübliche Sprays wirken ausgezeichnet gegen diese Schädlinge.

Bei der biologischen Bekämpfung an einzelnen Pflanzen bringen Marienkäfer schnelle und ausgezeichnete Resultate, während Florfliegen oder die Puppen der räuberischen Gallmücke auch in grösseren Gewächshäusern die Blattläuse effektiv dezimieren.

Schnecken

Schnecken können die Pflanzen im Freien oder in Gewächshäusern schnell schädigen, indem sie nachts grosse Löcher in die Blätter fressen, während sie sich am Tag verkriechen. Seit mehreren Jahrzehnten wird zur Vorbeugung in der Pflanzenzucht dünner, blanker Kupferdraht verwendet, der von den Schnecken nicht überschritten wird, da er einen elektrochemischen Schock auslöst. Oxydiert das Kupfer allmählich und sieht dann matt aus, ist keine Wirkung mehr vorhanden. Daher sollte der Draht höchstens ein Jahr lang verwendet und dann ersetzt werden.

Der Draht wird um die Töpfe gelegt oder auch auf die Blumentopferde als Ring um die Pflanzenbasis. Auch andere wirksame Mittel wie Antischneck-Gel zum Pinseln sind im Handel. Bei der Verwendung der Kupferbarrieren sollten die Unterseiten der Blätter untersucht werden, ob sich nicht dort schon Schnecken verbergen, die abgelesen werden.

Zum Abschluss dieses Kapitels sollen hier noch die Kulturversuche an der Universität von Michigan (VALDES u.a.) erwähnt werden, die Anfang der 80er Jahre zur Isolation des Wirkstoffes führten (vgl. Kap. 5). Dabei wurden 80 bis 100 Blumentöpfe von etwa 25 cm Durchmesser mit je 5 Ablegern beimpft und auf einer Fläche von 4 x 4 m quadratisch aufgestellt. Aussen oder innen kultiviert, ergab sich nach einem initialen Wachstum von 2 bis 3 Monaten dann jeweils eine Ausbeute von über einem Kilogramm trockener Blätter pro Monat, wobei die Pflanzen zur Maximierung der Produktion regelmässig verschnitten wurden. Die resultierenden Ableger wurden dann wieder bewurzelt und neue Töpfe zusätzlich bepflanzt. Die Forscher wiesen in diesem Zusammenhang darauf hin, dass die *Salvia*-Art beim Wachstum im Freien anderen Spezies der Gattung sehr ähnlich sieht, immerhin brauchte es zur botanischen Bestimmung über 20 Jahre.

Es wurde auch entdeckt, dass bei der Trocknung der Blätter in dem weiten Temperaturbereich von 25 bis 100° C keine Zersetzung des Wirkstoffes erfolgte, wobei die Zeiten bis zum völligen trockenen Produkt je nach Höhe zwischen 15 Minuten und mehreren Tagen lagen. Hierbei konnte ebenfalls festgestellt werden, dass eine mehrjährige Lagerung der Blätter bei Raumtemperatur deren Gehalt an Salvinorin A nicht beeinflusste.

5. Chemische und pharmakologische Erforschung der *Salvia divinorum*

ALBERT HOFMANN hatte 1962 bei seiner Teilnahme an einer Zeremonie mit *Salvia divinorum* in Mexiko auch eine Probe für die phytochemische Erforschung bei Sandoz in Basel bereitet, indem er den ausgepressten Pflanzensaft mit Alkohol als Konservierungsstoff verdünnte. Die pharmakologische Wirkung war jedoch dann im Selbstversuch in Basel nicht mehr vorhanden. Eine unterschiedliche Deutung dieser Inaktivität ist möglich. Neben einer enzymatischen Zersetzung der Wirkstoffe im wässrigen Milieu ist es weitaus wahrscheinlicher, dass nach der Zerstörung der effektiven Resorptionsform (Mikrosuspension oder Emulsion des wasserunlöslichen Wirkstoffes, Kap. 6) bei der Lagerung oder auch schon unmittelbar durch die Alkoholzugabe sich keine Wirkung mehr entfalten konnte. Auch verschiedene mazatekische Heiler weisen auf die schnelle Wirkungslosigkeit des Extraktes bei der Lagerung hin (VALDES 1994). In diesem Zusammenhang ist es sehr interessant, dass zumindest einige *curanderos* wissen, dass die Extrakte besonders wirksam sind, wenn eine Schaumkrone über der bereiteten Lösung steht (VALDES 1994). Diese Schaumbildung beweist das Vorliegen einer guten und recht stabilen Emulsion, die die Voraussetzung für die Resorption der unlöslichen Wirkstoffe in feinster Verteilung über die Schleimhäute darstellt.

Erst ab Ende der 70er Jahre wurde nach diesen orientierenden Versuchen von ALBERT HOFMANN erneut über die Inhaltsstoffe der *Salvia divinorum* in Mexiko geforscht. 1982 berichtete schliesslich die Gruppe um ALFREDO ORTEGA (ORTEGA et al. 1982) über die Isolation einer neuen Substanz aus den getrockneten Blättern, die Salvinorin genannt wurde.

Diese Naturstoffchemiker verwendeten zur Reindarstellung der weissen, in Wasser unlöslichen Substanz eine Kombination von organischen Lösungsmitteln und physikalisch-chemischer Chromatographieverfahren. Die Strukturanalyse erfolgte dann durch das physikalische Verfahren der Röntgenstrukturanalyse. Das Salvinorinmolekül enthielt keinen Stickstoff wie die Alkaloide (Mescalin, Psilocybin u.v.a.) und hatte eine ungewöhnliche Diterpen-Struktur. Diterpene kommen in zahlreichen Pflanzen vor. Analoge und strukturverwandte Terpene vom Typ des Salvinorins wie Salviarin und Splendidin wurden bereits vorher in den 70er Jahren aus anderen *Salvia*-Arten (*Salvia splendens* a.u.) isoliert, ihre Pharmakologie ist aber noch unbekannt (OTT 1993).

Die Arbeit aus Mexiko enthielt aber keinen Hinweis auf eine mögliche Psychoaktivität des Salvinorins und war nur rein chemisch in Rahmen eines Screenings auf Terpene innerhalb der Gattung *Salvia* angelegt.

Eine weitere Forschungsgruppe aus Michigan (USA) begann 1980, die Chemie der *Salvia*-Art im Hinblick auf ihre psychoaktive Wirkung zu untersuchen. Die Forscher hatten sich schon vorher erfolgreich mit solchen Substanzen beschäftigt. L.J. VALDES und G.M. HATFIELD veröffentlichten 1978 eine Arbeit über Psilocybin in *Gymnopilus*-Pilzarten, und A.G. PAUL publizierte 1968 als Mitentdecker über das Baeocystin, das ein häufig auftretendes Nebenalkaloid des Psilocybins in vielen Pilzarten ist (OTT 1993). Diese Forscher begannen mit einem pharmakologischen Test an Mäusen. In diesem so genannten „Offenen Feld"-Test können Rückschlüsse auf psychoaktive Wirkungen wie Sedation oder Stimulierung durch Verhalten der Tiere je nach Pharmakon erhalten werden. Obwohl Tierversuche in der Halluzinogenforschung von vielen kompetenten Forschern als unethisch und mit Recht als nicht aussagekräftig hinsichtlich der Wirkung abgelehnt werden (OTT 1995, 1996), konnte bei der Erforschung der *Salvia divinorum* der Wirkstoff auf diese Weise isoliert werden (VALDES et al. 1984).

Verschiedene Fraktionen des wässrigen Pflanzenextraktes wurden getestet, und eine davon erzeugte eine ähnliche Reaktion bei den Mäusen wie das Mescalin. Es wurde schnell herausgefunden, dass durch die Extraktion der trockenen Blätter weit mehr Substanz isoliert werden konnte als aus dem wässrigen Extrakt. Die unbekannte Substanz verminderte die Aktivität der Mäuse ähnlich wie Mescalin. Cannabis-Extrakt und Barbiturate stellten sie völlig ruhig, während Amphetamin die bekannte stimulierende Wirkung zeigte. Dabei schien es, als ob die neue Substanz Divinorin A in einer ähnlichen Grössenordnung wie Mescalin wirkte, dessen Humandosis zwischen etwa 100 bis 500 mg liegt.

Unabhängig von der Gruppe um Ortega ermittelten auch Valdes et al. die Struktur mittels Röntgenstrukturanalyse. Diese Ergebnisse wurden 1984 publiziert, und es stellte sich heraus, dass die als Divinorin A benannte Substanz dem Salvinorin entsprach. Entsprechend der Priorität wird der Wirkstoff daher heute Salvinorin A genannt und stellt chemisch ein neues Furanolacton aus der Gruppe der Trans-Neoclerodan-Diterpene dar.

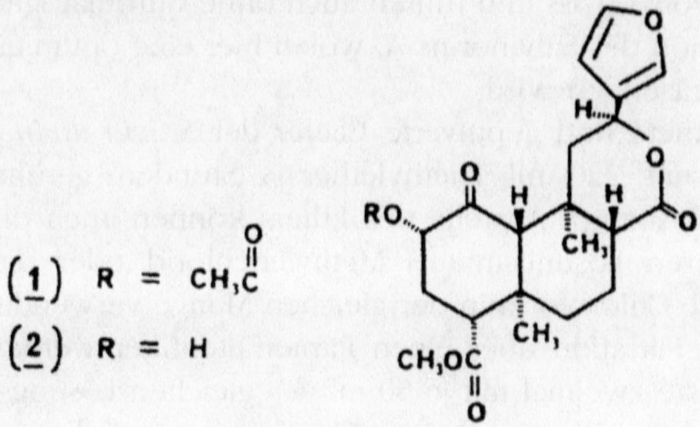

Salvinorin A(1) und B(2) (Abb. aus „Eleusis" Nr.4)

Das Salvinorin B wurde erstmals von Valdes et al. (1984) isoliert und unterscheidet sich vom Salvinorin A strukturell nur durch das Fehlen einer Acetylgruppe. Es kommt nur in geringen Mengen (ca. 0,007% der Trockenmasse) in der Pflanze vor und war im besprochenen Tierversuch inaktiv. Dagegen konnte das Salvinorin A in einer Ausbeute von 0,18% aus den trockenen Blättern isoliert werden, entsprechend etwa 0,022% bezogen auf frisches Pflanzenmaterial. Mittels einer Kombination aus chemischen und physikalischen Verfahren konnte schliesslich auch die räumliche Struktur des Salvinorins A (absolute Stereochemie) aufgeklärt werden (KOREEDA et al. 1990). Allerdings wurde bis heute die chemische Synthese nicht realisiert. Die Kultur der *Salvia divinorum* ist also zur Wirkstoffgewinnung weiterhin nötig. Es wäre faszinierend, eine reine Pflanzenzellkultur der *Salvia divinorum* im Fermenter auf eine mögliche Bildung der Salvinorine zu untersuchen.

VALDES und Mitarbeiter hatten die Salvinorine zunächst isoliert und gereinigt, indem sie nach einer Extraktion der getrockneten Blätter mit Diethylether den Verdunstungsrükkstand zwischen einer Hexanphase und einer Mischung aus Methanol/Wasser verteilt hatten. Eine nachfolgende Chromatographie führte dann zum reinen Produkt. Isolationsversuche von J. OTT Mitte der 90er Jahre verliefen noch einfacher als im Verfahren von VALDES und führen auch ohne Chromatographie zur Isolation des Salvinorins A, wobei hier eine optimierte Vorschrift präsentiert wird:

10 g getrocknete und gepulverte Blätter der *Salvia divinorum* werden mit 220 ml Diethylether 3 Stunden gerührt (Magnetrührer, Abzug). Anstelle des Ethers können auch die nicht brennbaren Lösungsmittels Methylenchlorid oder das höher siedende Chloroform in der gleichen Menge verwendet werden. Nach Filtration über einen Papierfaltenfilter werden die Pflanzenreste zweimal mit je 50 ml des gleichen Lösungsmittels gewaschen. Die vereinigten Flüssigkeiten werden im Vakuum eingedampft, möglich ist aber auch ein Eindampfen unter Normaldruck. Etwa 250-300 mg eines etwa 10%igen Präparates mit grünlicher Farbe werden erhalten. Diese Masse wird 24 Stunden mit 15 ml Petrolether (Siedepunkt: 40-60 Grad) verrührt. Nach Filtration und Waschen mit 5 ml Petrolether wird der Niederschlag getrocknet und das Lösungsmittel verworfen. Der Feststoff wird nun in einem kleinen Kölbchen mit 3 ml Ethanol kurz im Wasserbad auf 60° C erhitzt. Nach Abkühlen auf etwa 30° C wird mit 1 ml Aceton versetzt und auf 0° C abgekühlt. Nach 12 Stunden Kühlen wird abgefiltert und getrocknet. Eine zweite, völlig analoge Umfällung mit

Ethanol/Aceton liefert ein reines Präparat mit einem Schmelzpunkt von 240° C.
Ausbeute: etwa 20 mg (0,2%).

Die Salvinorine sind folgendermassen charakterisiert
(*Ortega* et al. 1982, *Valdes* et al. 1984, *Ott* 1993):

Salvinorin A:
Summenformel: C23 H28 O8

Molekulargewicht: 432,47
Zusammensetzung: C 63,88% H 6,53% O 29,6%
Substanz: farblose, orthorhombische Kristalle aus Methanol-
Schmelzpunkt: 238-240° C,
aus Ethanol 242-244° C
Löslichkeit: gut löslich in Ether, Chloroform, Methylenchlorid, Aceton und DMSO,
wenig löslich in Ethanol, weitgehend unlöslich in Wasser und Petrolether

Salvinorin B
Summenformel: C21 H26 O7

Molekulargewicht: 390, 23
Substanz: farblose Kristalle aus Methanol-
Schmelzpunkt: 213-216° C
Löslichkeit: analog wie Salvinorin A

Zum qualitativen und halbquantitativen Nachweis beider Substanzen ist die klassische Dünnschichtchromatographie (DC) mit den allgemein verwendeten Detektionsreagenzien Joddampf bzw. Phosphomolybdänsäure verwendbar (Ott 1996).

Mitte der 90er Jahre konnte nachgewiesen werden, dass die Pflanzen aus Mexiko sehr ähnliche Konzentrationen an Salvinorin A aufwiesen wie die gezüchteten aus Michigan (VALDES 1994, SOCIEDAD et al. 1998). Mittels moderner Methoden (HPLC) wurde von J. GRUBER am Philadelphia College of Pharmacy and Science 1,5-2,2 mg pro Gramm getrocknete Blätter (0,15-0,22%), entsprechend 8 g frischem Blattmaterial nachgewiesen (TURNER 1996). Diese Menge stimmt bemerkenswert mit den erwähnten Isolationsversuchen überein. Es scheint nur eine sehr geringe Variation der Zusammensetzung der Blätter hinsichtlich des Gehaltes an Salvinorin A zu geben. Die Stengel enthalten bedeutend weniger (um die 0,03%), die Wurzeln nur Spuren der Substanz. Nach D. SIEBERT können die Blätter im Sommer angeblich doppelt soviel Wirkstoff enthalten wie im Winter (TURNER 1996), exakte Messungen sind in diesem Fall aber nicht bekannt.

Die recht hohen Konzentrationen an Salvinorin A sowie die grosse Anzahl an verwendeten Blättern in Mexiko schienen in Analogie zu den Tierversuchen darauf hinzuweisen, dass die Substanz erst in ähnlichen Mengen wie das Meskalin psychoaktiv wirksam werden kann (vgl. aber Kap.7).

Das nur in geringen Mengen vorkommende Salvinorin B und noch zwei weitere in Spuren in der Pflanze nachweisbare Terpene (AARDVARK 2000, VALDES 1984, OTT 1995) können allerdings nur mittels chromatographischer Methoden isoliert werden. Die angegebene einfache Arbeitsvorschrift für Salvinorin A ist hier nicht verwendbar.

VALDES (1986) konnte ausserdem aus den getrockneten Blättern der *Salvia divinorum* die Ameisen abwehrende Substanz Loliolid isolieren. Der Naturstoff war schon bekannt und kommt im Gras *Lolium perenne* L. und in anderen Pflanzen vor (OTT 1996). Die Humanpharmakologie dieser Substanz ist jedoch nicht erforscht (VALDES 1986).

Schliesslich vermutete J. OTT auch, dass die psychoaktiven Terpene α- und β-Thujon in *Salvia divinorum* vorkommen könnten. Diese gut bekannten Wirkstoffe des Absinths aus dem Wermut (*Artemisia absinthium* L.) kommen in wechselnden Mengen (14-67%) auch im „gewöhnlichen" Salbei *Salvia officinalis* L. vor (OTT 1993). Jedoch verlief der Nachweis der

Thujone über eine Isolation mittels Wasserdampfdestillation in allen Untersuchungsproben völlig negativ (Ott 1995, 1996).

6. Psychoaktive Wirkungen von *Salvia*-Extrakten

Nachdem R. Gordon Wasson mit seiner Frau die Ethnomykologie als eigenständiges Fachgebiet entwickelt hatte (Wasson et al. 1957) und durch seine bahnbrechenden mexikanischen Studien den Grundstein für die Erforschung des Psilocybins legte, wandte er sich dann auch anderen psychoaktiven Substanzen zu. Auf seine Pionierarbeit über die *Salvia divinorum* folgte ein bedeutsamer Artikel über den Kenntnisstand aller psychoaktiven Pflanzen und Pilze Mexikos (Wasson 1962 und 1963). In einem späteren monumentalen Werk über Maria Sabina beschreibt er auch ihre Erwähnung der volksmedizinischen Anwendung der „wässrigen Blätter" (Wasson 1974).

Wassons Einschätzung der *Salvia*-Wirkung als erster aktiver weisser Teilnehmer an einer Zeremonie wurde bereits im Kap. 2 erwähnt. In diesem Zusammenhang interessant ist seine Schilderung der Präparation der Blätter (Wasson 1962):

„Augustina presste die Blätter mit den Händen aus und sammelte den Saft in einem Glas. Dieses war mit Sicherheit eine uneffiziente Methode. Nach dem Zusatz von etwas Wasser trank ich die dunkle Lösung, die etwa ein halbes Glas füllte und aus 34 Paaren Blätter resultierte".

Als Hauptmethode der Aufnahme der Blätter nannte er jedoch das allmähliche, einfache Zerkauen der Blätter mit nachfolgendem Verschlucken der grünen Masse. Es war ihm jedoch auf Grund des äusserst bitteren Geschmackes unmöglich, die Blätter so aufzunehmen. R. Gordon Wasson beschreibt in diesem Artikel auch die Herstellung von wässrigen Suspensionen durch Zerreiben der Blätter unter kaltem Wasser mittels einer *metate* und merkte an, dass besonders zahnlose Personen die *Salvia divinorum* so konsumieren (Wasson 1962). Es ist auffällig, dass im Gegensatz zu dieser Pionierarbeit die meisten früheren und späteren Autoren die Herstellung der wässrigen Suspension und deren Aufnahme als alleinige oder hauptsächliche Methode beschrieben (Diaz 1973; Johnson 1939; Valdes et al. 1983, 1987; Valdes 1994; Weitlan-

DER 1952). Die Anwendung der Blätter erfolgt in Analogie zu den psilocybinhaltigen Pilzen jeweils in Paaren. VALDES (1994) lieferte auch die plausible Erklärung für die Resorptionsmöglichkeit des Wirkstoffes. Aus pharmazeutischer Sicht ist hierbei nötig, das wasserunlösliche Salvinorin A in eine Emulsion oder Mikrosuspension feinst zu verteilen, wobei weitere in der Pflanze enthaltene Substanzen unbekannter Natur als Emulgator fungieren. Erst dieser Aufschluss schafft die Voraussetzung für die Resorption der Substanz durch die Schleimhäute des Magen-Darm-Traktes. J. OTT beschreibt, dass die Verwendung von 6 bis 160 Blättern zur Erzeugung von Extrakten für jeweils eine Person beobachtet wurde, der mexikanische Psychotherapeut ROQUET benutzte 1972 sogar 240 Blätter (OTT 1993, 1995, 1996).

Aus einer Aufstellung von OTT (1995) geht klar hervor, dass die Wirkungsweise der Blätter sehr variabel war und oft nicht mit der verwendeten Anzahl korrelierte. So waren 6 Blätter bei Anita Hofmann und 12 Blätter bei R. GORDON WASSON bereits psychoaktiv wirksam (HOFMANN 1979), während mitunter 50 Blätter noch inaktiv gefunden wurden (anonym in OTT 1995)! Vergleicht man diese unterschiedlichen Angaben mit den teilweise berichteten Arbeitsweisen zum Aufschluss der Blätter, resultiert der Schluss, dass das Zerreiben der Blätter unter Wasser die effektivste Methode ist, eine wirksame Emulsion zu erzeugen. Diese gibt sich dann auch durch die erwähnte Schaumkrone zu erkennen. Erfolgt nach dem Auspressen des Pflanzensaftes ein langsames und gleichmässiges Verdünnen, kann die Emulsion ebenso wirksam sein, wobei entsprechende Details bei der Mazatekenmethode nicht bekannt geworden sind. Das langsame Kauen und die Einspeichelung wirkt durch den allmählichen Aufschluss ebenfalls emulgierend, die Vollständigkeit ist theoretisch aber nicht nachvollziehbar. Generell gilt, dass beim schnellen Verdünnen wasserunlösliche Substanzen in grösserer Korngrösse ausfallen können als beim allmählichen, so dass sie schliesslich nicht mehr resorbierbar sind. Da die Wirkstoffkonzentration in der Pflanze nur sehr wenig variabel ist, bleibt neben individuellen Differenzen die unterschiedliche physikalische Konsistenz der gebildeten Lösung ein Hauptfaktor in den unterschiedlichen Wirkungen. Zusätzlich können unterschiedliche Fähigkeiten der Schleimhäute zur Resorption bei verschiedenen Personen Differenzen hervorbringen. Bei einheitlicher und effektiver Resorption des reinen Wirkstoffes traten viel weniger individuelle Unterschiede der Wirkung ein (Kap.7). Trockene Blätter werden von den Mazateken nicht benutzt, obwohl der Wirkstoff darin jahrelang unzersetzt haltbar ist. Sie lagern jedoch die frischen Blätter durch Einrollen in andere während bis zu einer Woche (Ott 1995). Eine Trocknung der Blätter verändert drastisch die chemische Zusammensetzung (ausser dem Gehalt an psychoaktiven Terpenen) und die physikalische Struktur, wobei die Bildung solcher Mikrosuspensionen verhindert wird. Erst aus den 90er Jahren gibt es Berichte westlicher Experimentatoren, dass nach längerem Einweichen der trockenen Blätter in kaltem Wasser oder für 15 Minuten in heissem nach der Extraktion eine entsprechende Wirkung wieder eintritt (Ott 1995).

Hier sollen nun die Erfahrungen mit den wässrigen Salvia-Extrakten ausführlich beschrieben werden, die Valdes (1994) sehr eindrücklich im Rahmen von mexikanischen Heilungszeremonien 1979 und 1980 erlebt hat:

„Am Tag jener Sitzung verbrachte der *curandero* Don Alejandro den Nachmittag und frühen Abend damit, Geschichten von mazatekischen Heilungszeremonien sowie aus der Mythologie zu erzählen. Schliesslich wurde ungefähr um 20 Uhr der Extrakt durch Zerreiben und Zerdrücken der frischen Blätter in Wasser bereitet, wobei sie wie die Heiligen Pilze jeweils in Paaren verwendet werden. Er betete für jeden von uns und rief Gott, verschiedene Heilige und die Schutzpatronin der *Salvia divinorum*, Maria, an, um die Kunst des Heilens zu erfragen.

Der *curandero* verbrachte eine Stunde damit, die Reise in den Himmel im Detail zu beschreiben und gleichzeitig die Dinge zu benennen, die wir sehen würden. Er riet uns, nicht ängstlich zu sein, und ermunterte uns, dann über die Visionen zu sprechen. Kurz bevor wir den Extrakt zu uns nahmen, führte er eine rituelle Reinigung durch, die uns auf unserer Reise später beschützen sollte. Ich bekam eine 'Anfängerdosis', die aus 20 Blätterpaaren bereitet worden war. Es begann mit nur wenig Effekten, bis ich plötzlich 45 Minuten nach dem Trinken des Gebräues durch einen tiefschwarzen Raum an stark gefärbten Objekten vorbeiflog. Schliesslich wurde ich eines dieser Objekte. Ich flog dann über ein mazatekisches Dorf hinweg und sah von oben auf dieses herab, ganz wie von einem Hügel. Es erschien nahezu real, obwohl die Farben doch etwas betonter waren als normalerweise. An der Seite einiger Hütten stieg Rauch auf, der kaleidoskopartig leuchtete. Nach einer Stunde klang die Wirkung ab. Wir erzählten uns danach eine weitere Stunde unsere Erlebnisse, und Don Alejandro erwähnte immer wieder, wie wichtig es ist, darüber zu sprechen, um die Erlebnisse im Gedächtnis zu behalten. Dann folgte ein erholsamer Schlaf, und 'ich erwachte früh, 4.30 Uhr in guter Verfassung'.

Meine zweite Erfahrung machte ich sechs Monate später. Die Zeremonie wurde vom *curandero* ähnlich strukturiert, und auch die Extraktion verlief identisch, ausser dass ich nun eine Dosis aus 50 Paar Blätter erhielt. Zu dieser Zeit war Don Alejandro der Meinung, er brauche uns nicht zu begleiten. Er war ein Meister, der „zum Himmel fahren" konnte, ohne psychoaktive Pflanzen nehmen zu müssen. Sein Sohn sagte uns, dass er eine direkte Verbindung zu Gott im Himmel habe.

Wir tranken den Extrakt um 21 Uhr. Die Besitzer von Aufnahmegeräten machten von den Gesprächen Kassettenaufnahmen. Es war dieses Mal störend, dass es im Dorf sehr laut war, besonders das ständige Hundegebell nervte uns. Bereits nach 15 Minuten begannen die Visionen. Dieses Mal sprach ich schon beim Erleben über die Erscheinungen, wechselnd zwischen englischer und spanischer Sprache, um sie besser in der Erinnerung zu fixieren. Zuerst sah ich Pflanzen und Blumen, die sich dann in gigantische Früchte und Samen verwandelten. Zur gleichen Zeit fühlte ich mich gespalten, teilweise im Körper befindlich, aber auch in die Umgebung eingebunden und verwachsen. Ich sah als Vision ein brennendes Kreuz mit zwei horizontalen Hölzern. Plötzlich hörte das Brennen auf und das Kreuz sandte Licht aus. Auf einmal fühlte ich mich sehr schwer, und jemand legte mich ins Bett. Dann sah ich ein abgedunkeltes Bild in Schwarzweiss. Plötzlich wurde dieses farbig, und ich sah betende Gestalten, wie man sie in mexikanischen Kirchen sieht. Sie waren ohne Gesichter und ihre Kleidung war mit Gold überzogen. Schliesslich erschien ein normales Kreuz, das mit Edelsteinen überzogen war. Im Zentrum des Kreuzes konnte ich Tiere, Pflanzen und Menschen sehen. Wenn eine Vision sich veränderte, konnte ich sie durch Konzentration wieder zurückbringen. Das letzte Bild war ein Schloss, das sich in eine byzantinische Kirche wandelte, um die Mönchen ähnliche Figuren wandelten. Nach 50 Minuten beendete der *curandero* durch Reden und Licht die Sitzung und bemerkte, dass der starke Lärm im Dorf eine sinnvolle Zeremonie verhinderte. Er diskutierte dann mit uns noch eine Stunde über das Erlebte und regte an, dass Paul als nüchterner Beobachter uns zurück in das Motel fahre. Im dunklen Auto kehrten meine Visionen zurück. Ich sah die Jungfrau von Guadalupe. Wir kamen zum Motel, das ebenfalls voll lauter Musik war. Ich dachte nun, dass die Erfahrung vorüber sei. Wir assen etwas und gingen 23.30 Uhr ins Bett. Plötzlich entwickelten sich die Visionen stärker, als sie je aufgetreten waren. Ich sah ein pulsierendes Purpurlicht, das sich in Bienen ähnliche Insekten wandelte, die schliesslich zu einer pulsierenden Seeanemone wurden. Sie vergrösserte sich in eine Wüste voller Säulenkakteen und blieb so mehrere Minuten stehen. Im ersten Versuch und am Anfang des zweiten fühlte ich mich als Beobachter der Visionen, die ein Mittelding aus Stummfilmen und Comics waren. Jetzt war ich plötzlich mittendrin, auf einer Wiese mit grossen farbigen Blumen. Ich überquerte einen Fluss über eine schmale Holzbrücke. Nahe bei mir war etwas, das wie ein Skelett eines riesigen regenbogenfarbigen Modellflugzeuges aussah. Der Himmel war leuchtend blau, und ich sah in der Ferne Wälder. Ich sprach mit einem Mann, welcher eine glänzende weisse Robe anhatte. Es war sehr bemerkenswert, er schüttelte meine Hand oder hielt sie, und ich glaubte wirklich, auf dieser Wiese bei ihm zu sein. Es war nicht wie ein Traum. Kurz danach war die Wüste wieder da, und ich schlief nach etwa einer Stunde langsam ein. Früh am Morgen erwachte ich ohne irgendwelche negativen Nachwirkungen.

Auch beim zweiten Versuch zeigte sich, dass komplette Dunkelheit wichtig ist, um ein umfassendes visionäres Erlebnis mit *Salvia divinorum* zu initiieren. Das trifft auf alle Methoden der Aufnahme dieser Pflanze zu."

In den 90er Jahren wurde in Kalifornien entdeckt, dass es unnötig ist, die Blätterextrakte zu verschlucken (Ott 1995). Nach Art der Coca-Verwendung wurden die Blätter ausgelutscht und im Mund behalten. Nach Verwendung von 6 bis 26 Blättern ohne Herunterschlucken von Saft oder Blättern stellten sich schon nach ca. 10 Minuten starke Wirkungen ein, die 1 bis 2 Stunden anhielten. Im Gegensatz zur mazatekischen Methode wurden in jedem Fall Effekte erzielt. Die Applikation beweist, dass auch durch die Mundschleimhaut die Resorption des Salvinorins A erfolgt. Die Resorption ist zuverlässiger und effektiver, wie sich aus der geringeren Anzahl der verwendeten Blätter im Vergleich zur Extraktionsmethode schliessen lässt. Beim Verschlucken des Extraktes treten die ersten Effekte nach einer Latenzzeit von 15 bis 45 Minuten ein. Sie halten dann eine bis wenige Stunden an. Besonders beim Halten der Blätter im Mund tritt der bittere Geschmack sehr ausgeprägt auf.

Der in der Pflanze enthaltene Bitterstoff wurde bisher nicht identifiziert und ist mit Sicherheit nicht die psychoaktive Substanz Salvinorin A. Nach Ott erzeugen die verschiedenen Applikationen der Pflanzen weitgehend identische psychoaktive Wirkungen. Heute haben einige Mazateken diese Anwendung des Haltens der Blätter im Mund von Weissen übernommen. Im Gegensatz zu anderen Angaben (Valdes 1994) war diese Applikation in Mexiko aber nicht ursprünglich (Ott 1995, 1996).

Hier folgt nun eine sehr eindrückliche Schilderung dieser

Anwendung, die nach B.M. SCHULDES (1996) leicht gekürzt wiedergegeben wird:

„Dann versuchte ich es mit 18 grossen Blättern, die ohne Stiel 14-18 cm lang waren. Ich rollte sie zu zwei 'Zigarren' zusammen und steckte sie in den Mund. Gelegentlich kaute ich ein wenig, saugte dann wieder daran und behielt den Saft jeweils 3-5 Minuten im Mund. Um eine optimale Resorption zu gewährleisten, verteilte ich den Saft mit der Zunge über die gesamte innere Oberfläche meines Mundes. Der Geschmack war sehr bitter. Ich schluckte den Saft und wiederholte den Vorgang so lange, bis kein frischer Saft mehr aus den Blättern gesaugt werden konnte. Die leeren 'Zigarren' spuckte ich aus.

In den ersten zehn Minuten passierte nichts. Dann überwältigte mich die Wirkung innerhalb von nur einer Minute. Ich versuchte, meiner Frau davon zu berichten, konnte aber nicht geordnet sprechen. Ich war zu überwältigt und konnte nur stottern: 'Stark, so stark und wundervoll'. Diese Unfähigkeit zu sprechen belustigte mich plötzlich ganz unsagbar. Ich begann unkontrollierbar zu lachen und musste schliesslich meinen Kopf in die Kissen stecken, da ich meine Kinder, die im Zimmer nebenan schliefen, nicht wecken wollte. ...

Schliesslich bekam ich es unter Kontrolle und legte mich auf den Rücken. Das Zimmer war dunkel. Mit geschlossenen Augen stand ich in eigenartigen Gebäuden, ähnlich denen in Fantasy-Gemälden oder alten orientalischen Palästen: die Alhambra von Granada kam mir in den Sinn. Ich sah eine grosse, fast endlose Halle mit wundervollen Bögen und hunderten von Säulen: alles in einem seltsamen, schimmernden, graublauen Licht mit Farben, die tiefe Magie und Majestät ausdrückten. Dann erinnerte ich mich an Roberts Bericht, wie er unter Salvia zur Pflanze wurde. Sofort wurde ich zu einem Baum mit einer Rinde wie Eiche, tief zerfurcht anzusehen, aber vom Gefühl her irgendwie glatt und feucht. Diese Rinde war ein fühlendes Organ: ich fühlte, wie ein Baum fühlt. Ich weiss, dass das seltsam klingt; aber während es geschah, hatte ich nicht den geringsten Zweifel, dass ein Baum genau auf diese Weise fühlt. Dann spürte ich die Gegenwart von etwas anderem oder besser: jemand anderem, konnte es aber nicht sehen. Begleitet war dies von starken Gefühlen, die ich nicht zu beschreiben vermag. Dann spürte ich meine Frau neben mir liegen und fühlte mich plötzlich stark von ihr angezogen. Die Wirkung veränderte sich von der eines Entheogens zu der eines Aphrodisiakums."

Schon R. Gordon Wasson (1962) und Albert Hofmann (1979, 1990) erwähnten, dass in ihren Versuchen in Mexiko die Blätterextrakte kürzer wirkten (1-2 Stunden) als die psychoaktiven Pilze (4-6 Stunden). Nach ihren Erfahrungen mit im Vergleich zu Valdes (1994) oder Schuldes (1996) eher kleineren Dosierungen waren die Effekte lediglich im Rahmen der initialen Wirkungen der Pilze: tanzende Farben im dreidimensionalen Design (Wasson) bzw. eines Zustandes gesteigerter Empfindsamkeit und intensiven Erlebens (Hofmann).

Besonders Valdes et al (1983, 1987, 1994) betonten die Wichtigkeit von Ruhe und völliger Dunkelheit für die Entfaltung der vollen Wirkung, die auch taktile Illusionen und andere Erscheinungen einschliessen kann. Die Mazateken halten die Anwendung für sicher, allerdings wird die *Salvia divinorum* nur im rituellen Rahmen unter Aufsicht genommen. Die Heiler (*curanderos*) kennen aus ihrer jahrzehntelangen Erfahrung auch mit anderen Pflanzen (Windensamen) und mit Pilzen (*Psilocybe* sp.) die Wichtigkeit der menschlichen Zuwendung in einem stabilen rituellen Rahmen (Set und Setting in westlicher Terminologie). Oft steht die *Salvia divinorum* bei der Schulung künftiger Heiler am Anfang, um eine vorerst behutsame und schrittweise Vertiefung der Erfahrungen und deren Integration zu ermöglichen. Erst danach werden die psychoaktiven Pilze sowie die Windensamen *(ololiuhqui)* erschlossen (Valdes 1994). Manche *curanderos* haben aber auch die Meinung, die Wirkung der *Salvia divinorum* sei durch den Wechsel der erzeugten Erscheinungen „zu schnell" für die meisten Personen (Turner 1996).

1975 wurde von Diaz in Mexiko (Stadt) und unabhängig davon zur gleichen Zeit von Ott die Anwendung der *Salvia di-*

vinorum durch Rauchen der getrockneten Blätter beobachtet. Die betreffenden Personen hatten die *Salvia divinorum* kennengelernt, als sie das Mazatekengebiet wegen der psychoaktiven Pilze besuchten. Obwohl bei dieser Applikation kein Extrakt und keine Emulsion erzeugt wird, verdampft das Salvinorin A in geringen Mengen durch die Hitze und wirkt beim Rauchen von 1 bis 2 Blättern nach 5 bis 6 schnellen Inhalationen (VALDES 1994, OTT 1995, 1996). Nach OTT (1995, 1996) spürten jedoch nur 50% der Personen überhaupt einen Effekt, der meist nur milde war. In diesem Sinne wunderte er sich, dass das Rauchen die Hauptmethode der Anwendung der *Salvia divinorum* in den USA darstellt und nicht die wirksame Methode des Haltens der frischen Blätter im Mund ohne Verschlucken der Blattmasse (OTT 1995). Offensichtlich sublimiert das Salvinorin A im Rauchprozess oft gar nicht oder schlägt sich schon vorzeitig an kalten Oberflächen nieder. Beim Auftreten der Wirkung wird eine Dauer von bis zu einer halbe Stunde nach einigen Sekunden Latenzzeit beobachtet. Nur gelegentlich kann auch eine Wirkungsstärke beobachtet werden, die den anderer Applikationsarten entspricht. Hier ist ein von TURNER (1996) zitiertes Beispiel:

„Zwei getrocknete Blätter wurden mittels Wasserpfeife geraucht. Ich fühlte mich und sah mich als Baum. Äste begannen aus meinem Körper herauszuwachsen und füllten den Raum. Ich fühlte und sah meine Wurzeln im Flur und auch hinter der Tür hinauswachsen. An diesem Punkt konnte ich mich nicht mehr erinnern, etwas geraucht zu haben. Mein Raum hatte sich in ein Bild aus einem Kinderbuch verwandelt, das den Titel trug: 'Wo die wilden Kerle wohnen?' Der Raum war ein Garten aus linearen Zweigen und Blättern aus meinem eigenen Körper. Die Erfahrung war weit intensiver als die *Salvia-divinorum* Wirkungen, die ich vorher erlebt hatte".

Wie bei allen visionären Pflanzen oder Pilzen erzeugen die Präparate der *Salvia divinorum* bei jedem Versuch unterschiedliche Reaktionen, selbst bei gleichen Wirkstoffmengen und derselben Person. Ein weiteres Erlebnis nach dem Rauchen der Blätter war völlig anders ausgeprägt als bei der vorherigen Erfahrung (gekürzt, aus SCHULDES 1996):

„Ich rauchte zwei Köpfe, diesmal aber nicht so kleine. Die Anlage röhrte, und die schlagartige Realitätsveränderung durch die Salvia hat mich regelrecht aus den Socken gehauen. Ich sprang vom Sofa auf, um dem Druck entgegenzuwirken und konnte nur 'Was geht denn jetzt ab?' feststellen, denn alles war anders. Die Sonne schien und alles war hell und strahlte und leuchtete. *Salvia* setzt von einer auf die andere Sekunde mit voller Wucht ein. Der Druck setzt ca. 30 Sekunden nach dem Rauchen ein und verschwindet nach wenigen Minuten. Die Musik-Veränderung erstaunt mich am meisten. Nach dem Rauchen wurde sie lauter und viel dumpfer und irgendwie wesentlich 'fetter', 'satter'. Die innere Ausgeglichenheit ist so stark, dass schnelle Musik nicht wirkt und den 'Geist' nicht auf Touren bringen kann. Normalerweise werde ich von schnellerer Musik innerlich auch schneller. Auf Salvia ist es aber umgekehrt. Die eigene Ruhe wirkt sich auf die gehörte Musik aus und lässt diese langsamer erscheinen. Es ist leicht, Musik partiell zu hören, und ich kann ohne Anstrengung Teile herauskristallisieren, während die anderen Teile im Hintergrund fast unhörbar verschwinden. Das geht spielend! ... Beide sahen wir bei geschlossenen Augen Muster, aber auch nur, wenn wir uns stark darauf konzentrierten. In der Mitte war ein helles und grösseres Licht, das unweigerlich die Aufmerksamkeit auf sich zog: In der Mitte ein heller Punkt, darum herum wie an einem Röhrenrand so etwas wie Risse, die auftauchen und verschwinden oder sich bewegen, allerdings keine Übergänge sichtbar..."

Die geschilderte Verstärkung des Erlebens durch die Musikreize ist eher untypisch und es taucht die Frage auf, ob die Blätter nicht in einer Mischung mit weiteren psychoaktiven Substanzen zusammen geraucht wurden.

TURNER (1996) hat ausgiebige Erfahrungen mit dem Rauchen der *Salvia divinorum* gemacht und beschrieb besonders eine enge Verknüpfung mit der Welt der Pflanzen, die interessanterweise auch schon in den beiden Erfahrungen der Baumverwandlung berichtet wurden:

„Ich rauchte jetzt Salvinorin (*Salvia*-Blätter; J.G.) verschiedene Male auch im Freien. Einige Male war wenig Differenz zu meinen Erfahrungen im Haus festzustellen. Andere Male trat eine tiefere Wahrnehmung und entsprechende Gefühle zu der lebenden Pflanzenwelt um mich herum auf. Das eine Mal war ich in diesem Zusammenhang versucht, einen grossen Kaktus zu umarmen, aber widerstand glücklicherweise dieser Verlockung. Eine grössere Bedeutung hatte das Rauchen der Blätter auf einer Wiese für mich. Etwa 200 Fuss entfernt war die Wiese von Redwood-Bäumen begrenzt. Ich betrachtete diese Bäume und hatte die überwältigende Erkenntnis, dass ich auf Wesen schaute, die mehrere hundert Jahre alt sind und lange vorher hier waren, als der erste Mensch in dieser Landschaft eintraf und weit vor der Entwicklung der modernen Technologie existierten. In diesem Sinne realisierte ich, dass das pflanzliche Leben generell einen Kulturschock erlitten hat, der aus den Veränderungen der letzten 200 Jahre auf diesem Planeten resultiert."

Zusammenfassend lassen sich die Phänomene folgendermassen beschreiben, wobei die Intensität natürlich von der Dosierung abhängt und individuellen Schwankungen unterworfen ist (SIEBERT 1994; RÄTSCH 1998):

1. Erlebnisse, sich in Objekte zu verwandeln, die oft banaler Natur sind wie frische Farbe, eine Schublade, ein Hosenbein u.s.w.
2. Visionen verschiedener zweidimensionaler Oberflächen, Filme und Membranen.
3. Orte aus der Vergangenheit werden visionär wieder aufgesucht, speziell auch solche aus der Kindheit. Bemerkenswert dabei ist meist eine gleichzeitige innere Distanziertheit.
4. Verlust des Körpergefühls bei höherer Dosierung.
5. Verschiedene Gefühle der Bewegung, oft verbunden mit der Empfindung, von irgendwelchen Mächten gezogen oder verdreht zu werden.

6. Schleppende Sprache einerseits und oft auftretendes, unkontrolliertes Lachen andererseits.
7. Sich überlappende Realitäten, verbunden mit der Wahrnehmung, zur gleichen Zeit an mehreren Orten zu sein.

Im Gegensatz zur Wirkung der Nachtschattenalkaloide Atropin und Scopolamin und in geringem Ausmasse bei Pilzkonsumenten sind die Pupillen nach Verabreichung von *Salvia*-Extrakten nicht erweitert und reagieren auf Lichteinfall unter Verengung (VALDES 1994). Manche Benutzer betonen ausserdem die Ähnlichkeit der Wirkung mit der des „dissoziativen" Anästhetikums Ketamin (Ketanest®) bei geringen Dosierungen von 50 bis 100 mg (i.m.). Dessen Hirnrezeptor ist allerdings bekannt und different zu dem unbekannten des Salvinorins A. Diese Ähnlichkeit wird von anderen Forschern allerdings auch verneint.

So beschreibt TURNER (1996), der sehr viele Ketamin- als auch *Salvia*-Experimente vorgenommen hat, das konstante Auftreten des Spürens einer „positiven Lebensenergie" nur beim Salvinorin A und seinen pflanzlichen Zubereitungen.
Vergleicht man die Berichte der Wirkung unterschiedlicher Substanzen, dann lässt sich feststellen, dass die berichteten visionären Erfahrungen mit *Salvia divinorum* durchaus starke Ähnlichkeiten mit den Wirkungen der psilocybinhaltigen Pilze sowie mit den *Ayahuasca*-Tränken Südamerikas aufweisen (vgl. SCHULTES & HOFMANN 1980 b).
Auffällig ist ausserdem, dass das Aufsteigen emotional aufgeladener und persönlich stark aufwühlender Erfahrungen aus der Vergangenheit bei Verwendung der Pflanzenextrakte nie beschrieben worden ist. Wahrscheinlich meinte Maria Sabina mit ihrer Beschreibung der geringeren Kraft der *Salvia*-Art gegenüber den psilocybinhaltigen Pilzen diese eher oberflächliche Art der Erzeugung von Visionen ohne psychodynamischen Hintergrund, gepaart mit der leichten Unterbrechung des Erlebens durch Licht und Geräusche. In diesem Sinne ist wahrscheinlich die Pflanze für eine psycholytische Therapie im westlichen Sinne mit ihrer Fähigkeit zur Aufdeckung und

Durcharbeitung von Konflikten nicht brauchbar, ganz im Gegensatz zum Pilzwirkstoff Psilocybin. Auffällig ist aber auch, dass Personen, denen die Blätter in grossem Umfang zur Verfügung stehen, auch ausserhalb der rituellen Strukturen Mexikos, nur selten davon Gebrauch machen und eine regelmässige, tägliche Anwendung bisher noch nicht beschrieben worden ist. Daher ist auch nicht bekannt, ob eine Toleranzentwicklung mit notwendiger Vergrösserung der täglichen applizierten Menge eintreten wird. Durch das Fehlen der Erfahrung einer regelmässigen Anwendung sind natürlich auch potentiell krebserregende *(kanzerogene)* und spezifische toxische Wirkungen auf bestimmte Organe wie Gehirn, Leber und Nieren nicht bekannt, die aber nicht völlig auszuschliessen sind. Alle Indizien sprechen dafür, dass die Menge des Salvinorins A bei der Schleimhautaufnahme über die Mikrosuspension oder Emulsion limitiert ist (vgl. auch Kap. 7). Bei den verschiedenen Applikationen der Blätter, dem einfachen Kauen, dem Auspressen des Saftes und Verdünnen, dem Verschlucken der Extrakte, beim Halten der Pflanzenmasse im Mund als auch beim Rauchen, gelang es nicht, selbst bei forcierter Anwendung, einen Kontrollverlust zu provozieren (SCHULDES 1996). Hierbei kann aber keine Rede von „Wirkung abpuffern" sein (SCHULDES 1996), da sich dieser Begriff nur für basische oder saure Substanzen anwenden lässt, was auf Salvinorin A durch die Unpolarität nicht zutrifft. Die Aufnahmekapazität der Schleimhäute ist bei diesen pflanzlichen Zubereitungen limitiert. Überdosierungen, wie sie mit dem reinen Wirkstoff bei anderer Applikation auftreten können und im nächsten Kapitel beschrieben sind, sind ausgeschlossen. Unklar ist, ob dieses Wirkungsprofil auch für den Gebrauch im nicht rituellen Rahmen zutrifft, entsprechende Erfahrungen existieren bisher nicht. Der übereinstimmende Hinweis der mazatekischen Heiler, dass die Wirkung des verschluckten Pflanzenextraktes nach dem Erbrechen verschwindet, spricht eindeutig dafür, dass bei dieser Applikation noch nach dem Einsetzen der Wirkung eine weitere kontinuierliche Aufnahme des Wirkstoffes vom Magen her abläuft bzw. auch erfolgen muss. Die Eliminierung des Extraktes aus dem Körper und vor allem auch eine ablenkende Atmosphäre mit Beleuchtung und Reden kann die Wirkung der verschiedenen Präparationen der Pflanze zuverlässig beenden. Durch die grosse Störanfälligkeit der Wirkung der *Salvia divinorum* ist eine Etablierung als Partydroge auszuschliessen.

7. Untersuchungen mit reinem Salvinorin A

Obwohl VALDES und Mitarbeiter Tierversuche mit Salvinorin A durchführten, die auf die psychoaktive Wirkung analog dem Mescalin hindeuteten, und auch Selbstversuche mit dem Extrakt in Mexiko unternahmen, untersuchten sie die Humanpharmakologie nicht. Ausserhalb wissenschaftlicher Institute wurde aber Anfang der 90er Jahre besonders in Kalifornien oft versucht, den Wirkstoff abzutrennen und verschiedene Applikationsmöglichkeiten zu erschliessen. Nachdem SIEBERT ein stark angereichertes Präparat erhalten hatte, stellte er nach Inhalation stärkste Wirkungen fest. Hier sind ein paar Auszüge aus dem Versuchsprotokoll, das sich auf 2,6 mg einer Kristallfraktion aus dem Pflanzenextrakt bezieht, die bei der späteren Analyse einen Gehalt von 70 - 80% Salvinorin A aufwies. Am 6. Juni 1993 passierte also Folgendes:

„Ich präparierte eine rohe, jedoch sicher konzentrierte Extraktionsfraktion aus *Salvia divinorum.* Zuerst dachte ich, dass diese Kristallisation inaktiv sei und wollte sie zuerst verwerfen. Dann dachte ich, dass vielleicht doch eine Chance auf Aktivität besteht. Glücklicherweise testete ich, wie ich dachte, nur eine geringe Menge Kristallisat. Was folgt sind Auszüge von verstreuten Bruchstücken meiner Erinnerung des Erlebens. Ich platzierte 2,6 mg des Materials auf ein kleines Stück Alufolie, erhitzte es mit einer Flamme, und als es sublimierte, inhalierte ich den Dampf über ein Glasröhrchen. Die letzten Gedanken in meinem Kopf waren: Die Substanz ist inaktiv. Plötzlich fand ich mich wieder in einem konfusen, sich schnell bewegenden Bewusstseinsstadium - absolut ohne Wissen, wo mein Körper und mein Universum hingegangen sind. Ich habe wenig Erinnerung an das Initialstadium und weiss nur, dass eine Menge passiert sein muss. Es muss nur ein paar Minuten gedauert haben. Ich versuchte, mein Gedächtnis zusammenzunehmen, um herauszubekommen, wo ich war und was ich war. Ich realisierte plötzlich, dass keinerlei aktuelle Erinnerung über meinen Zustand da war, wie er vor diesem Bewusstseinszustand bestand. Ich war total überzeugt, dass dieser Zustand schon immer bestand. Plötzlich fand ich mich im Wohnzimmer stehend wieder. Die Effekte gingen vorüber. Ich war froh, zurück zu sein. Plötzlich bemerkte ich, dass das Wohnzimmer meinen verstorbenen Grosseltern gehörte und so aussah, wie zu Zeiten meiner Kindheit. Die aussergewöhnliche Sicht bestand darin, dass dieses die reale Welt sei, keine Erinnerung oder Vision. Dann verlor ich noch 7 oder 8 Mal das Bewusstsein, immer hatte ich vorher Panik. Jedesmal landete ich wieder in einem Wohnzimmer, teilweise aus meiner Kindheit, aber auch später. Alle Zeitpunkte meiner persönlichen Geschichte existierten nebeneinander. Dann kam ich in mein aktuelles Wohnzimmer zurück. Ich erinnerte mich jetzt, den Extrakt getestet zu haben und war in Ekstase, das psychedelische Prinzip der *Salvia divinorum* entdeckt zu haben. Auf einen Zettel schrieb ich: es ist totaler Wahnsinn. Es ist zu stark. Gott sei Dank, dass es nur 10 bis 15 Minuten gedauert hat."

Bei der weiteren Erforschung probierte SIEBERT Dosen bis zu 10 mg der Substanz in Kapseln aus, keinerlei Psychoaktivität war festzustellen! Auf Grund der Aktivität bei Inhalation experimentierten bald Freunde von SIEBERT und weitere Personen mit dieser Applikation. Bei diesen Dosierungen gab es weiterhin viel Konfusion, und im nachfolgenden Bericht (TURNER 1996) treten sehr beklemmende Erlebnisse auf, die vor allem Todesforderungen zum Inhalt hatten:

„Ich habe volle Dosen von *Ayahuasca* genommen und wurde geheilt: Ich sah das Gesicht der Substanz. Auch habe ich grosse Mengen Ibogain benutzt und in multiple Universen entrückt, unter dem Durchbrechen einer Barriere nach der anderen, war ich 4 Stunden ausserhalb meines Körpers. Ich sah den Geist des Ibogains. Nach der Injektion von Ketamin war ich in ein Universum versetzt, wo ich Farben fühlte. Vor der Erfahrung war ich auch lange im Hospital, wo ich per Tubus ernährt wurde, mich hilflos fühlte und es war doch alles gut. Ich kannte meine Drogen und war relativ 'hartköpfig', d.h. ich brauche gewöhnlich mehr als andere Leute, um durchzubrechen.

Es war eine winzige Menge des Materials (ungefähr 1,7 mg Salvinorin A), das verdampfte. Es war kein Geschmack noch irgendeine Halsreizung festzustellen. Ich hatte Zeit, mich zurückzulehnen und atmete aus. Nach Schliessen der Augen fühlte ich den Beginn und sagte wie immer zuvor: Willkommen. Ich bin zurück. Es ist nett, wieder hier zu sein. Ich muss kurz mein Bewusstsein verloren haben. Auf dem Rücken liegend, dehnte sich die rechte Körperhälfte plötzlich aus und lag teilweise unter mir. Die linke Hälfte wurde in die Länge gezogen. Ein Bogen der Zimmerdecke öffnete sich und ein weisser Mann mit einem kugelförmigen Hut wurde sichtbar, der sich auf seiner braunen Hose rechts niederkniete. Er schaute mich an und sagte: Es ist Zeit, jetzt zu gehen. Es schien mir, als ob er das aus 30 Meter Höhe sagte. Gleichzeitig schwang sein rechtes Bein vor und mein Körper ging in seinen Unterschenkel über, der etwa die gleiche Grösse wie ich hatte. Nur mein Kopf, Hals und die Arme ragten heraus. Alles was ich sah wurde platt, eine dünne Gummihaut, eine zweidimensionale Oberfläche ... Es ist Zeit, zu gehen. Mein Körper, meine Welt war zu einem schwarzen Universum geworden, und die Aussenlinie dieses Mannes erschien als 'verschmierte' Realität, wovon ich ein Teil geworden war. Ich war schockiert, konnte es nicht glauben. Ich sah meine Frau plötzlich, die im Raum war und das Salvinorin nicht probiert hatte, schaute auf meine Arme und Beine, die wie mit Zement mit diesem braunen Material verknüpft waren. Sie bewegten sich weiter in dieses braune Material hinein. Ist das die ganze Welt? Teil eines grossen Mannes Unterschenkel? Es ist zu bizarr. Es ist Zeit, zu gehen. Ich wusste nicht mehr, wo das Ende jeder Realität war. Meine Frau sagte, ich wirke relativ normal. Keine erweiterten Pupillen. Ich schaute auf sie und sah jetzt auch, dass ihre rechte Hälfte sich vorwärts bewegte. Das Nehmen dieser Substanz durch mich war der Beginn des Endes des Universums, des Raumes, der Zeit, aller Geschichte, Menschen und Dinge. Meine Frau sagte mir später, dass ich verwirrt in die Umgebung gestarrt habe und sagte: 'Es ist verschmiert, verschmiert, es ist das Universum. Es ist

Zeit zu gehen.' Der Sinn hämmerte auf mich ein... Später wurde die Erfahrung schwächer. Die Farben kamen nicht mehr aus meinem Körper. Ich sass auf dem Bett, starrte vor mich hin, geschüttelt, gestört, ausgezehrt und verängstigt. Der Raum sah wieder wie vorher aus. Die Wirkung war zu Ende, ich war aber noch verstört. Ich sagte zu meiner Frau, dass ich ein unglaubliches Erlebnis gehabt habe und nicht wisse, was ich sagen soll."

Siebert fasst die Wirkung dieser hochdosierten Inhalationen des Salvinorins A folgendermassen zusammen (Siebert 1994): „Salvinorin A ist eine extrem mächtige bewusstseinsverändernde Verbindung. Tatsächlich handelt es sich hier um das potenteste natürlich vorkommende Halluzinogen, das bis heute isoliert worden ist. Aber bevor sich nun potentielle Experimentatoren zu sehr damit beschäftigen, muss deutlich gemacht werden, dass die Wirkung oft extrem entnervend ist und dass ein durchaus reales Risiko besteht, sich während seines Gebrauchs körperlich zu schaden. Wenn die Dosis über 0,5 mg bis 1 mg geht, können die Effekte sehr alarmierend sein. Ich habe gesehen, wie Menschen aufstanden und durch den Raum sprangen, dabei über das Mobiliar fielen, unverständlichen Unsinn brabbelten und mit dem Kopf gegen die Wand stiessen. Mehrere Leute haben versucht, das Haus zu verlassen. Wenn die Erfahrung vorüber ist, erinnern sie sich nicht mehr an das Vorgefallene. Tatsächlich glauben sie, sich an ganz andere Vorkommnisse zu erinnern. Einem aussenstehenden Beobachter erscheint es, als ob diese Menschen einen leeren Ausdruck in ihren Augen haben, so, als ob sie nicht anwesend wären (und vielleicht sind sie es ja wirklich nicht)."

Diese Beschreibungen erinnern stark an die Delirien, die bei hohen Dosierungen von Nachtschattengewächsen wie *Datura* sowie bei entsprechenden Synthetika wie den Piperidylbenzilaten auftreten, welche aber im Gegensatz zur etwa halbstündigen Wirkung des inhalierten Salvinorins A eine

Wirkung bis zu 5 Tagen haben können (GARTZ 1998). J. OTT beschreibt ebenfalls Inhalationen von Salvinorin A und findet, dass 0,2 mg eine Schwellendosis darstellt und in diesem Bereich eine analoge Wirkung wie bei den Pflanzenextrakten ohne Delirium wie bei SIEBERT erzeugt wird (OTT 1995, 1996). Nach seiner Methode kann diese Spurenmenge auch exakt eingestellt werden. Eine einprozentige Lösung des Salvinorins A in 1 ml Aceton (10 mg Substanz) wurde mittels Mikropipette in ein Glasröhrchen gegeben, das dann nach der spontanen Verdampfung des Lösungsmittels über kleiner Flamme erhitzt wurde. 20 Mikroliter Lösung enthalten hier 0,2 mg Salvinorin A. Nach seinen Angaben beginnt die Wirkung der verdampften Substanz nach 10 - 15 Sekunden, erreicht ein Maximum nach 10 - 15 Minuten und klingt nach 20 - 30 Minuten ab. Er fand auch, dass höhere Dosierungen keine Verlängerung der Psychoaktivität bewirken, im Gegensatz zu vorherigen Angaben, die aber nicht auf eigenen Erfahrungen des Autors beruhten (VALDES 1994). Hier ist nun ein Versuch mit 0,2 mg aus dem Umfeld von OTT, der eher einer milden Wirkung von Blätterextrakten entsprach:

„Die Lösung des Wirkstoffes in Aceton wurde in das Röhrchen gegeben. Nach kurzer Zeit war das Lösungsmittel verdampft und danach wurde mit einer kleinen Gasflamme erhitzt. Der Rauch hatte keinen Geschmack und reizte auch nicht. Plötzlich war ich in einem seltsamen Zustand ohne Emotion und mit wenig Körpergefühl, ein Schweben der Seele. Ich war entrücktes Auge geworden und verfolgte eine schnelle Abfolge elementarer Farbwogen, Spiralen, teilweise auch, als ob Wände verschoben und irgendwie beiseite geschoben würden. Alles wurde entrückt, zugleich auch sachlich und emotionslos als reines 'Ist' gesehen.

Bei Bedarf konnte ich mich aber jederzeit auch klar mit Dingen des Alltags gedanklich beschäftigen, nur hatte ich wenig Lust dazu. Mehrmals wurde in dem dunklen Raum die Türe geöffnet und geschlossen. Jedesmal verursachten diese schwachen Geräusche ein Aufflammen der Farben und auch ein verstärktes Auftreten anderer Formen, so dass es wohl als klassische Synästhesie der Verknüpfung von Hören und Sehen zu bewerten ist. Nach etwa einer halben Stunde glitt der Zustand sanft aus und hinterliess einen sehr klaren, geordneten Bewusstseinszustand ohne weitere Nachwirkungen."

In Analogie zu den Versuchen mit Halten der Blätter im Mund versuchte OTT auch, Salvinorin A mittels Lösungsmittel durch die Schleimhaut zu bringen (OTT 1995, 1996). Er verwendete dabei die beschriebene Acetonlösung in identischer Konzentration und tropfte sie mit einer Mikropipette direkt unter die Zunge. OTT fand, dass diese Methode sehr effektiv war und 100 Mikrogramm (0,1 mg) die Schwellendosis der Psychoaktivität darstellt. Als „definitive Psychoaktivität" gab er 0,2-0,5 mg Salvinorin A an. Die hier berichteten Erfahrungen sind in der Stärke völlig identisch mit denen aus den verschiedenen Präparationen der Blätter, so dass man annehmen muss, dass über die Mikrosuspensionen nur analoge Mengen aufgenommen werden. So besteht eine natürliche Grenze der Resorption bei den Pflanzenzubereitungen, im Gegensatz zu dem „grossen Überangebot" in den Blättern. Rechnet man als Beispiel, dass etwa 70 Blätter von 10 g Trockenmasse in 3 Dosen bei den verschiedenen Aufschlussmöglichkeiten benutzt werden, dann entspricht das bei einem Gehalt von 0,2% Wirkstoff 100 Applikationen nach der Methode von OTT in Acetonlösung. Diese extrem schlechte Aufnahme einer halluzinogenen Substanz aus einer natürlichen Zubereitung ist ohne Beispiel und wird auch noch illustriert durch die fehlende orale Wirkung in Kapseln ohne Emulgierung, die schon erwähnt wurde.

Hier noch ein Beispiel der Wirkung von 0,4 mg in Aceton: „Ich war in etwas ängstlicher Erwartung, als die 40 Mikroliter Lösung als kleines Tröpfchen unter die Zunge die Schleimhaut mit einem leichten Wärmegefühl benetzten. Es war nicht unangenehm und ein leichter Acetongeschmack trat auf, der sich schnell verflüchtigte. Es dauerte wohl ein oder zwei Minuten, ehe plötzlich jede Menge Farbgirlanden und Wellen bei geschlossenen Augen sichtbar wurden. Die Erscheinungen nahmen schnell zu, und ich fürchtete, mich darin zu verlieren. Ich konnte den Fluss aber jedesmal unterbrechen, wenn ich Licht machte und mit Anwesenden redete. Aber ebenso schnell ging es weiter, wenn die Augen wieder geschlossen wurden. Ich flog dann über mehrere Landschaften hinweg, wobei mir eine Wüste als auch ein grosses, sehr grünes Waldgebiet wohl der gemässigten Zone in Erinnerung blieb. Aus der Ferne sah ich winzige Tiere, die in Rudeln auftraten und nicht weiter differenzierbar waren. Oft hatte ich das Gefühl, dass sich die Bilder in der Mitte noch weiter öffnen wollten, was sich aber meist nur andeutete und dann irgendwie keine Kraft mehr hatte. Nur einmal öffnete sich in der Wüste ein kleiner, viereckiger Spalt. Darin erschienen im Rahmen mehrerer Blitze Goldkuppeln, die schnell wieder verschwanden und jedesmal eine grüne Fläche hinterliessen. Ausklang nach 2 Stunden ohne Nachwirkung."

Auf meine Anregung hin testete OTT auch eine 1%ige Lösung des Salvinorins A in Dimethylsulfoxid (DMSO) und konnte eine analoge Resorption und Wirkung feststellen wie mit Aceton, was auf Grund der bekannten Fähigkeit des DMSO als „Schlepper" von Substanzen durch die Körperhaut (transdermale Resorption) auch zu erwarten war. Chemiker sollten bei der Arbeit mit Salvinorin A in DMSO jeden Hautkontakt vermeiden, was auch für DMSO-Extrakte aus Pflanzenmaterial zutrifft. Andernfalls könnte sich ALBERT HOFMANNS unfreiwillige Entdeckung der LSD-Wirkung aus dem Jahre 1943 auf anderer Ebene wiederholen.

Diese Lösungsmittelversuche fanden ab 1995 statt (OTT 1995, 1996). OTT knüpfte dabei an eher negativ verlaufende Versuche von SIEBERT mit einer Lösung des Salvinorins A in Ethanol an, die enttäuschend verliefen, da auch 2 mg kaum Wirkung hervorbrachten (SIEBERT 1994, TURNER 1996). Die Resultate lassen sich durch die schlechte Löslichkeit des Wirkstoffes in einer nur 0,2%igen Lösung erklären, die auch lokal reizend wirkte und damit Speichelproduktion mit schneller Verdünnung induzierte (OTT 1995). Auch sind die verwendeten Lösungsmittel von OTT weitaus bessere Träger mit grösserer Hautdurchgängigkeit im Vergleich zum Alkohol.

Die Applikation in Aceton oder DMSO führt zum Einsetzen der Effekte nach ungefähr 90 Sekunden, erreicht ein Maximum nach 10 - 15 Minuten und endet wie die Wirkungen der Pflanzenextrakte nach 1 - 2 Stunden. Hier soll nun noch eine Erfahrung beschrieben werden, die mit leicht abgewandelter Konzentration trotzdem identische Effekte hervorrief: „0,2 mg Salvinorin A wurde in 50 Mikrolitern DMSO unter die Zunge getropft. Die ölige Lösung erzeugte momentan ein leichtes Wärmegefühl, das nicht unangenehm war. Schnell wurde der lauchartige Geschmack des Lösungsmittels spürbar, der aber nicht Ekel erregend wirkte. Ich merkte eine geringe Anregung des Speichelflusses, behielt die Lösung aber im Mund. Erst nach dem plötzlichen Einsetzen der Wirkung verschluckte ich die Speichelmischung. Von einer Sekunde zur anderen traten nach 1 oder 2 Minuten plötzlich jede Menge Ornamente in mein Blickfeld bei geschlossenen Augen. Sie wechselten rapide, jagten sich geradezu. Zarte Farben, wie durch Kupferstiche realisiert, wechselten einander ab, die immer gröber wurden. Dabei nahm auch die Farbintensität zu. In seltenen Fällen kamen auch sehr gegenständliche Erscheinungen hervor, wie auf einer Bühne, von Ornamenten umrahmt. Besonders in Erinnerung habe ich einen Frauenkopf, in schwarze Tücher gehüllt wie iranische Frauen. Ich fragte mich als Mann, was sich hinter den schwarzen Augen wohl für ein weibliches Wesen verbergen würde. Es war in diesem Moment aber kein sexuelles Interesse vorhanden. Mehrmals wackelten die Bilder so, als ob dazwischen ein Wassertropfen auftreffe, ähnlich wie wenn es beginnt, auf eine Pfütze zu regnen. Auch hatte ich mehrmals das Gefühl, dass etwas von rechts an meinem Kopf sanft zog oder ihn zart versuchte zu verdrehen. Dabei wackelten auch die Bilder. Es muss wohl auf dem Höhepunkt gewesen sein, als ich laut sprach: 'Wo seid ihr?' Ich meinte damit die Schutzgötter für mich, meine Engel. Das letztere Wort fiel mir erst nach dem Erleben ein. Ich sagte das nicht aus seelischer Not, eher entrückt mit dem Wissen, dass sie jetzt erscheinen müssten. Ich wiederholte es mehrere Male, ohne dass etwas erschien, ausser dass die Ornamente weiterliefen. Die Wirkung liess langsam nach und war nach ca. 90 Minuten vorbei. In der unmittelbaren Rückschau war sehr eindrücklich, dass mir die Zeit weitaus kürzer vorkam." Es konnten keine Nachwirkungen festgestellt werden.

Unterschiedlichste Substanzen bewirken fast immer eine Überschätzung der Zeit, so entsprechend dem Ausspruch während einer *Ayahuasca*-Wirkung: „Tausend Jahre, kein Problem, die habe ich doch in der Hosentasche, jetzt ist doch auch schon ein grosser Teil davon vergangen."

Bei diesen Wirkungsberichten stellt sich die Frage, ob eine weitere Erhöhung der Dosis des Salvinorins A bei Applikation in Lösungsmitteln auch in den delirösen Bereich führt, der durch die Inhalation grösserer Mengen Wirkstoff induziert wird. Immerhin beschreibt Ott (1995, 1996) die Aufnahme von bis zu 1 mg Substanz in Lösungsmitteln, die dann bei dieser Konzentration neben einer verstärkten visionären Aktivität auch eine höhere Körpertemperatur bewirkte. Das gleiche Verhalten wird auch vom Bereich 0,5 - 0,8 mg inhaliertem Salvinorin A beschrieben, also von Mengen kurz unterhalb der delirösen Wirkstoffmengen (Ott 1995). Aus meiner Sicht ist vor allem die Applikation höherer Dosen in DMSO dann auch in der Lage, den Bereich des Deliriums zu erreichen. Völlig offen erscheint auch, warum die generell leichte Unterbrechung durch Licht und Ablenkung bei niederen Dosierungen dann bei höheren Wirkstoffmengen nicht mehr funktioniert, so dass die meisten Menschen dieses Delirium auf keinen Fall nochmals erleben möchten. Auch wenn diese Verwirrungszustände durchaus an Intensität mit denen durch *Datura*-Arten erzeugten vergleichbar sind, erscheinen die Anwendungsformen der Blätter von *Salvia divinorum* weitaus weniger gefährlich als diese Nachtschattengewächse. Bei letzteren besteht neben den starken anticholinergischen Nebenwirkungen auch die reale Gefahr einer tödlichen Überdosierung durch die sehr geringe therapeutische Breite der Wirkstoffe *Scopolamin* und *Atropin*. Diese wird noch verstärkt durch eine beachtliche Variation der Alkaloidkonzentration in verschiedenen Pflanzen selbst bei der gleichen *Datura*-Art.

Ott (1995) listete auch die verschiedenen Methoden der Aufnahme von Salvinorin A entsprechend dem Absinken der Wirkungsstärke im Sinne der notwendigen Minimalmengen zur Psychoaktivität auf:

Substanz in Aceton oder DMSO unter der Zunge > inhaliertes Salvinorin A > Coca - analoge Aufnahme > Kauen der Blätter mit sofortigem Verschlucken des Saftes >Trinken wässeriger Blätterextrakte

Er betonte, dass mit seiner Methode der Inhalation aus einem halbseitig geschlossenen Glasröhrchen eine zuverlässige Aufnahme ohne „Nebenstrom" erfolgt, im Gegensatz zu Sieberts Methode des Verdampfens von einer Aluminiumfolie und Einatmens durch ein offenes Röhrchen (Ott 1995). Trotzdem hält er es in diesem Artikel für möglich, dass auch bei der Inhalation die minimal wirksame Menge analog zur Applikation im Lösungsmittel bei 0,1 mg und nicht bei den gemessenen 0,2 mg liegt, da eine teilweise vorherige Kondensation der erst bei 240° C schmelzenden Substanz möglich ist.

In dieses Schema ordnet er das Rauchen der Blätter nicht ein, da hier die wirksamen Mengen nicht abschätzbar sind und ohnehin nur die Hälfte der Personen überhaupt eine Wirkung spürten (Ott 1995). In diesem Zusammenhang sind die Versuche von Turner (1996) interessant, der reines Salvinorin A mit Blättern der *Salvia divinorum* rauchte. Hier ist ein Bericht über die Wirksamkeit:

„Das Material, das ich benutzte, enthielt 1 mg Salvinorin A auf 25 mg pulverisierter Blätter der *Salvia divinorum.* Diese konzentrierte Mischung war weitaus besser zu handhaben als die Reinsubstanz. Das Konzentrat wurde in einer normalen Pfeife geraucht. Ich habe die Mischung einige Male verwendet und es ergab sich keine Differenz zu reinem Salvinorin A, das auf Grund der minimalen Mengen eine genaue Analysenwaage erfordert."

„Meine nächsten drei Erfahrungen mit Salvinorin A mit den Blättern waren innerhalb der Mengen von 0,4 - 0,8 mg. Es ist faszinierend, dass die Substanz so in Mengen wirkt, die wie 2 Salzkörner imponieren. Wenn es ein materielles Gegenstück im Hirn zu Bewusstsein, Identität oder Erinnerung im Menschen gibt, dann müsste man nach der Extraktion so etwas Ähnliches finden wie in Salvinorin. Bei der Wirkung realisierte ich, dass Erinnerung nahezu gleichzeitig mit Identität verknüpft ist, und sich auch sehr nahe am Bewusstsein befindet. Als die Wirkung des Salvinorins begann, erreichte ich dieses Bewusstsein und die Erinnerung. Ich verlor niemals das Bewusstsein, wie es meine Interpretation der früheren hochdosierten Erfahrungen war. Ich sehe diese einfach so, dass das Bewusstsein so schnell wurde, dass ich die Perspektive meines individuellen 'Selbst' verlor."

Mysteriös ist, dass in einer Testprozedur, genannt *Nova-Screen*, keine Bindung des Salvinorins A an 42 bekannte Biorezeptoren erfolgte (Siebert 1994, Ott 1996). 15 davon waren Neurorezeptoren wie die bekannten Serotonin-, GABA- oder MAO-Rezeptoren. Die Wirkungsmechanismen des Salvinorins A mit den zugehörigen Hirnrezeptoren sind also noch völlig unbekannt. Dadurch existiert auch noch keinerlei Kenntnis bezüglich einer pharmakologischen Behandlung einer Überdosierung mit dieser Substanz. Verhängnisvolle Effekte könnten eintreten, wenn herkömmliche, dämpfende Pharmaka eingesetzt würden. Publizierte Versuche (Turner 1996) der Kombination von Salvinorin A mit bekannten Tryptaminen, Phenylethylaminen oder LSD in höheren Dosierungen erachte ich deshalb als unverantwortliches Konsumverhalten. Ein solches steht in vollem Gegensatz zum traditionell gemässigten, rituellen Gebrauch der Pflanzenzubereitungen in Mexiko, von dem keine Probleme bekannt sind.

Es ist heute noch nicht bekannt, ab welchen Dosierungen jenseits monströser Psychoaktivität Salvinorin A akut toxisch für den Menschen ist. Bei Mäusen waren 1 g pro kg Körpergewicht nicht tödlich, allerdings war die Emulsion von Pflanzenöl und dem Emulgator Tween 80 wahrscheinlich gar nicht pharmakologisch aktiv (VALDES 1994), analog zu den Versuchen von SIEBERT mit 10 mg Substanz in Kapseln. OTT (1995) und TURNER (1996) verglichen Salvinorin A in der minimalen Wirkmenge von 0,1 - 0,2 mg mit anderen natürlich vorkommenden Substanzen wie Psilocybin (ab 2 mg) und 5-Methoxy-DMT (5 - 10 mg) und charkterisierten diese als weit weniger wirksam. Nur das halbsynthetische LSD ist hinsichtlich der sehr niedrigen Dosis ab 0,02 mg etwa 5 - 10 mal stärker als der Wirkstoff aus *Salvia divinorum*, wobei hier nicht die weitaus längere Wirkung von LSD als auch von Psilocybin berücksichtigt wird.

Wenn OTT (1995) eindringlich fragt, warum die Mazateken es nicht vermochten, das ihnen reichlich vorliegende potenteste, natürliche „Entheogen" auch als solches zu erkennen, dann scheint mir die entsprechende Antwort einfach: Weil ihnen die chemische Kenntnis und die notwendigen Lösungsmittel zur Abtrennung und Anwendung des Salvinorins A fehlten.

Wahrscheinlich war diese Unkenntnis auch besser für sie, und so blieb ihre Anwendung der natürlichen Zubereitung im rituellen Rahmen fest in der mittelamerikanischen Tradition verankert.

8. Ausblicke

Aus den Ausführungen aller Kapitel dieses Buches wird deutlich, wie wenig wir heute noch über die *Salvia divinorum* und ihre Inhaltsstoffe wissen. In den verschiedenen interdisziplinären Bereichen ergeben sich vielfältige Fragestellungen, deren Beantwortung die Kenntnis des „edelsten kleinen Prinzen" vertiefen würde. Ich denke hier an ein verstärktes Studium der historischen Quellen und diverser Abbildungen auf den Spuren R. GORDON WASSON, um zusätzliche Belege für die Verwendung der Pflanze aus der Zeit vor der spanischen Eroberung zu erlangen. Damit verbunden ist eine botanische Forschung in Mittel- und auch Südamerika, die vielleicht noch andere Verbreitungsgebiete der *Salvia divinorum* erschliessen könnte. Auch die botanische Stellung der *Salvia divinorum* innerhalb der Gattung, verbunden mit einer chemotaxonomischen Analyse, ist es Wert, weiter erforscht zu werden. Die am nächsten verwandte Art scheint die ebenfalls mexikanische *Salvia cyanea* LAMB. EX BENTH. zu sein, die nach ersten, vorläufigen Analysen aber kein Salvinorin A enthält. In diesem Sinne sollte ein umfassendes Screening der Arten der Gattung *Salvia* auf Salvinorin A durchgeführt werden. In Analogie zu den psilocybinhaltigen Pilzen, bei denen in über 100 Arten der Wirkstoff bekannt ist, sind hier ebenfalls weitere psychoaktive Arten zu erwarten. Es ist sehr wohl möglich, dass manche volksmedizinisch verwendete Salbei-Spezies geringe Mengen an Salvinorin A enthalten und nur durch die sehr schlechte Resorption bedingt, keine Wirkung beim Verzehr auftrat. Auch schon isolierte andere Diterpene ähnlicher Struktur aus anderen *Salvia*-Arten sollten auf Psychoaktivität getestet werden. Das gilt noch mehr für das lediglich im orientierten Tierversuch als nicht wirksam charakterisierte Salvinorin B. In der Literatur werden zwei weitere Substanzen aus *Salvia divinorum* erwähnt, die auch noch der Prüfung harren (VALDES et al. 1984). Eine eigentliche klinische Prüfung wurde bisher selbst mit dem Salvinorin A noch nicht durchgeführt. Neben der Untersuchung neuer wirksamer Applikationsformen interessiert hier besonders die Auffindung des entsprechenden Neurorezeptors. Auch sollten die neuen Untersuchungsmethoden des Gehirns wie z.B. das PET-Verfahren Aufschlüsse darüber liefern, welche Zentren mit den visionären Aktivitäten des Salvinorins A eng verknüpft sind. Hier interessiert besonders der Vergleich mit Psilocybin und Ketamin.

Schliesslich gibt es auch bezüglich des Kulturverhaltens der *Salvia divinorum* noch interessante Fragestellungen, wie die spontane Braunverfärbung der Blätter und ihre mögliche Bedingtheit durch Stressfaktoren und viraler oder anderer Erreger sowie die Notwendigkeit von Spurenelementen und anderer Wirkstoffe für das Wachstum der Pflanze.

Literaturverzeichnis

AARDVARK, D. (2000). „Divinorin C". *The Entheogen Review* 9 (no. 3), 141.

DEKORNE, J. (1996). „More *Salvia divinorum* lore." *The Entheogen Review* 5 (No. 4), 2 - 6.

DEKORNE, J. (1997). „*Salvia divinorum* and dimensional collaps." *The Entheogen Review* 6 (No. 2) 2 - 7.

DEKORNE, J. [1995]. *Psychedelischer Neo-Schamanismus*, Löhrbach: Werner Pieper's MedienXperimente (Edition Rauschkunde); (original: *Psychedelic Shamanism*, Port Townsend, WA: Loompanics Unlimited, 1994).

DIAZ, J.L. (1979). „Ethnopharmacology and taxonomy of Mexican psychodysleptic plants." *Journal of Psychedelic Drugs* 11 (1 - 2), 71-101.

EMBODEN, W. (1983). „The ethnobotany of the Dresden Codex with special reference to the narcotic *Nymphala ampla." Botanical Museum Leaflets (Harvard University)* 29 (2):87 - 132.

EPLING, C. and JATIVA-M., C.D. (1962). „A new species of *Salvia* from Mexico." *Botanical Museum Leaflets (Harvard University)* 20 (3), 75 - 76.

GARTZ, J. (Hrg.) (1998). *Halluzinogene im „Sozialismus".* Nachtschatten Verlag (Solothurn).

HANES, K.R. (2001). *Antidepressant effects of the herb Salvia divinorum.".* Journal of Clinical Psychopharmacology, 21, 634-635.

HOFMANN, A. (1964). „Mexikanische Zauberdrogen und ihre Wirkstoffe" in: GARTZ, J. (Hrg.) (1999) *Halluzinogene in historischen Schriften. Eine Anthologie von 1913 - 1968.* Nachtschatten Verlag (Solothurn).

HOFMANN, A. (1979). *LSD - Mein Sorgenkind.* Klett Cotta (Stuttgart).

HOFMANN, A. (1990). „Ride through the Sierra Mazateca in Search for the Magic Plant 'Ska Maria Pastora'" in RIEDLINGER, T. (Hrg.). *The Sacred Mushroom Seeker.* Dioscorides Press (Portland, Oregon).

Johnson, J.B. (1939). „The elements of Mazatec witchcraft." *Goteborgs Etnografiska Museum Etnologiska Studier* 9, 119 - 149.

Koreeda, M., Brown, C. and Valdes, L.J. (1996). „The absolute stereochemistry of salvinorins." *Chemistry Letters* 2015 - 2018.

Liggenstorfer, R. und Rätsch, Ch. (Hrsg.) (1996). *Maria Sabina - Botin der Heiligen Pilze.* Nachtschatten Verlag (Solothurn).

Mayer, K.H. (1977). „*Salvia divinorum.* Ein Halluzinogen der Mazateken von Oaxaca." *Ethnologia Americana* 14, 776 - 779.

Ortega, A., Blount, J.F. and Marchand, P. (1982). „Salvinorin, a new transneoclerodane diterpene from *Salvia divinorum* (Labiatae)." *Journal of the Chemical Society, Perkin Transcations* 1, 2505 - 2508.

Ott, J. (1993). *Pharmacotheon.* (Kennewick, WA, USA).

Ott, J. (1995). „Ethnopharmacognosy and Human Pharmacology of *Salvia divinorum* and Salvinorin A." *Curare* 18, 103 - 129.

Ott, J. (1996). „*Salvia divinorum* Epling et Jativa (Foglie della Pastora/Leaves of the Shepherdess)." *Eleusis* 4, 31 - 39.

Rätsch, Ch. (1998). *Enzyklopädie der Psychoaktiven Pflanzen.* AT Verlag, (Aarau).

Reisfield, A.S. (1993). „The botany of *Salvia divinorum* (Labiatae)." *Sida: Contributions to Botany* 15, 349 - 366.

Roth, B. Baner, K. Westkaemper, R. Siebert, D. Rice, K. Steinberg, S. Ernsberger, P. Rothman, R. (2002). *Salvinorin A: a potent naturally occurring nonnitrogenous (kappa) opioid selective agonist.* Proceedings of the National Academy of Sciences, USA, 3. Sept. 1999. 11934-11939.

Schuldes, B.M. (1996). *Psychoaktive Pflanzen.* 2. Aufl. Der Grüne Zweig 164. W. Piepers MedieneXperimente (Löhrbach)/ Nachtschatten Verlag, (Solothurn).

Schultes, R.E. and Hofmann, A. (1980a). *The Botany and Chemistry of Hallucinogens* (2 nd). Charles C.Thomas (Springfield IL.)

Schultes, R.E. und Hofmann, A. (1980b). *Pflanzen der Götter.* Hallwag. (Bern-Stuttgart). Neuauflage AT-Verlag, (Aarau)

SIEBERT, D.J. (1994). „*Salvia divinorum* and Salvinorin A: New psychopharmacologic findings." *Journal of Ethnopharmacology* 43, 53 - 56.

SIEBERT, D.J. (1996). „Salvinorin A: Notes of Caution."
The Entheogen Review 3 (No. 4), 2 - 3.

SOCIEDAD PARA LA PRESERVATION DE LAS PLANTS DES MISTERIO (Hrsg.) (1998). *The Salvia divinorum Grower's Guide*. Spectral Mindustries (Davis, CA, USA).

TURNER, D.M. (1996). *Salvinorin. The Psychedelic Essence of Salvia divinorum.* Panther Press, (San Francisco).

VALDES, L.J. (1983). „The Pharmacology of *Salvia divinorum"*
EPLING and JATIVA-M.PH. Thesis (University of Michigan, Ann Arbor).

VALDES, L.J., DIAZ, J.L. and PAUL, A.G. (1983). „Ethnopharmacology of *ska Maria Pastora (Salvia divinorum* Epling and Jativa-M.)."
Journal of Ethnopharmacology 7, 287 - 312.

VALDES, L.J., CHANG, H.M., VISGER, D.C. & KORREDA, M. (2001).
Salvinorin C, a new neoclerodane diterpene from a bioactive fraction of the hallucionogenic Mexican mint Salvia divinorum.
Organic Letters 3, 3935-3937.

VALDES, L.J., BUTLER, W.M., HATFIELD, G.M., PAUL, A.G. and KOREEDA, M. (1984). „Divinorin A, a psychotropic terpenoid, and divinorin B from the Mexican hallucinogenic mint *Salvia divinorum."*
Journal of Organic Chemistry 49, 4716 - 4720.

VALDES, L.J. (1986). „Loliolide from *Salvia divinorum"*
Journal of Natural Products 49, 171.

VALDES, L.J., HATFIELD, G.M., KOREEDA, M. and PAUL, A.G. (1987).
„Studies of *Salvia divinorum* (Lamiaceae), a Hallucinogenic Mint from the Sierra Mazateca in Oaxaca, Central Mexico."
Economic Botany 41, 283 - 291.

VALDES, L.J. (1994). „*Salvia divinorum* and the unique Diterpene Halluzinogen, Salvinorin (Divinorin) A." *Journal of Psychoactive Drugs* 26, 277 - 283.

WASSON, R.G. (1962). „A New Mexican Psychotropic Drug from the Mint Family." *Botanical Museum Leaflets (Harvard University)* 20, 77 - 84.

WASSON, R.G. (1963). „Notes on the present status of *ololiuhqui* and the other hallucinogens of Mexico.” *Botanical Museum Leaflets (Harvard University)* 20 (6):161 - 193.

WASSON, R.G. (1974). *Maria Sabina and Her Mazatec Mushroom Velada*. Harcourt Brace Jovanovich. (New York).

WASSON, V.P. and WASSON, R.G. (1957). *Mushrooms, Russia and History*. (New York).

WEITLANDER, R.J. (1952). „Curaciones mazatecas.” *An. Inst. Nac. Antrop. Hist.* 4 (32). 279 - 285.

Literaturverzeichnis zum Vorwort

BINDER, CHRISTIANE (2001). „Legaler Flash - Rausch: Mit der 'göttlichen Salbei' ist eine neue Droge auf dem Markt. Das Aztekenkraut birgt grosse Risiken“, *Facts* 30/2001: 53.

HANNA, JON (1998). „Ska Pastora in Oregon: A Report of the First-ever *Salvia divinorum* Conference held December 11-13, 1998“, *The Entheogen Review* 7(4): 118- 119.

IZR (2001). „Thema des Monats: Wenn Engelstrompeten durchs Hirn rauschen“, *A. Vogel's Gesundheits-Nachrichten: - Zeitschrift für Naturheilkunde* 58(5/01): 10-17.

OTT, JONATHAN und CHRISTIAN RÄTSCH (2001). „Coca und Kokain: *Ethnobotanik, Kunst und Chemie*“, Aarau: AT Verlag.

PARNEFJORD, RALPH (2000). „Das Drogentaschenbuch" (2. akt. u. erw. Aufl.), Stuttgart: Thieme.

PENDELL, DALE (1995). „Pharmako/Poeia: Plant Powers, Poisons, and Herbcraft", San Francisco: Mercury House.

RÄTSCH, CHRISTIAN (1988). „Lexikon der Zauberpflanzen aus ethnologischer Sicht", Graz: ADEVA. (1991). „Von den Wurzeln der Kultur: Die Pflanzen der Propheten", Basel: Sphinx.
(1998b). „Hexenmedizin - verbotene Medizin: Von der Inquisition zum Betäubungsmittelgesetz“, in: CLAUDIA MÜLLER-EBELING et al., *Hexenmedizin*, S. 233-244, Aarau: AT Verlag.

SCHMIDBAUER, WOLFGANG und JÜRGEN VOM SCHEIDT (1997). „Handbuch der Rauschdrogen" (8., erg. u. erw. Neuaufl.), München: Nymphenburger.

SZASZ, THOMAS S. (1980). „Das Ritual der Drogen", Frankfurt/M.: Fischer.

THE ENTHEOGEN REVIEW (Hg.) (1999). *Salvia divinorum and Salvinorin A*, San Francisco: The Entheogen Review.

WILLIS, ORSON (2001). „High: New York im Drogenhimmel", *Weltwoche* (Zürich) 2/8/01.

Z., A. (1997). „Salvia divinorum: Lieferant des stärksten aus dem Pflanzenreich bekannten Psychedelikums", *HanfBlatt* 4(36): 15-19.

azarius